JN127434

micro:bit で学ぶプログラミング

── ブロック型から JavaScript そして Python へ ──

高橋 参吉・喜家村 奨・稲川 孝司
【共著】

コロナ社

〈**執筆分担**〉

本書の内容は全員で協議しているが，執筆のおもな担当は以下のとおりである。

高橋　参吉：1章，2章，4章（4.1，4.2），付録1，3

喜家村　奨：5章，6章，7章（7.2～7.4），付録2

稲川　孝司：3章，4章（4.3，4.4），7章（7.1）

はしがき

2017年（平成29年）3月に小学校・中学校，2018年（平成30年）3月に高校の学習指導要領が告示された（付録1参照）。2020年以降，小学校では各教科等の中で，プログラミング的思考（論理的に考えていく力）を育成する教育が始まろうとしている。このような状況の中で，筆者らは，2015年以降，新学習指導要領に向けての教員免許状更新講習，高校情報科教員向け教員研修講座，大学の基礎情報教育の内容改訂を実施してきた。

本書は，教員研修講座で作成したテキストを生徒・学生向けの授業用の教科書として利用できるようにしたものである。例題については，新学習指導要領における中学校の技術科，高校の情報科で学ぶ内容も取り入れ，プログラミングを通じて，情報の科学や技術の基礎も学べるようにしている。

本書の1章では，micro:bitの基本操作やプログラミングの基礎について記述している。2章では，関数や配列を利用して，micro:bitによるじゃんけんゲームのプログラムなども紹介している。3章では，micro:bitに搭載されているさまざまなセンサを利用したプログラムを載せている。4章では，無線通信を利用した双方向プログラムや信号機の制御プログラムなど論理的思考力が必要となるプログラムも紹介している。5章では，高校の情報科の学習内容である探索・整列，簡単な自動販売機，さらには，有名な「ハノイの塔」のプログラムを載せている。6章では，ネットワーク通信を利用したプログラムを紹介している。

このように，身近な生活での例題（じゃんけん，自動販売機，信号機）や中学校，高校で学ぶ内容を取り上げる一方，高専や大学でも利用することを想定し，より一層論理的な思考力を必要とする発展的な総合演習を載せている。

また，プログラミングに慣れていないことを想定し，1章から4章まではブロックを利用したプログラム作成の手順を詳しく記述している。一方では，1章からビジュアル言語とJavaScriptプログラムを少しずつ併記することによって，プログラミング言語にも慣れることを意識して記述している。なお，本書は例題を通してプログラミングを学ぶことを目的としているので，プログラミング言語の仕様については詳細には解説していない。

以上述べたように，本書は，小学校でのプログラミング学習（プログラミング的思考の育成）を引き継ぎ，micro:bitを利用して生徒や学生が自分の能力に応じて主体的にプログラミングの基礎から応用まで学ぶことができるテキストである。

2019年4月

著　　者

本書の使い方

〈micro:bit の機能と特徴〉

本書で利用した micro:bit[1), 2), †] は，イギリス BBC（英国放送協会）が開発し，Micro:bit 教育財団が，イギリスの 7 年生（11 ～ 12 歳）の生徒を対象に無料配布した手のひらサイズの安価なコンピュータです[3)]。

micro:bit のハードウェア機能としては

- 25 個の LED（表示，センサ），光，温度，加速度計などのセンサ
- プログラムができるスイッチボタン（2 個）
- Bluetooth による無線通信，物理的に接続するための端子

などがあります。さらに，以下の特徴があります。

- ビジュアル言語で，簡単な操作で利用できる
- シミュレータがついている
- JavaScript や Python に変換できる

〈プログラムのダウンロードについて〉

本書で利用しているプログラムは，NPO 法人学習開発研究所の下記 Web サイトから，ダウンロードしてください。本書の中で記載している保存ファイル名，例えば，rei ○○ は，microbit-rei ○○ .hex になっています。

https://www.u-manabi.net/microbit/

なお，micro:bit のバージョン等により，プログラムのブロック名の表記や説明が教科書とは異なることがあります。異なる場合は，Web サイトで確認してください。

micro:bit では，ブロックから JavaScript へ自動変換されますが，本書で表示している JavaScript の変数や関数の名称・順序と異なる場合があります。また，micro:bit の新しいバージョンでは，ブロックから Python にも自動変換されますが，Web サイトには，MicroPython（BBC micro:bit 用 Python）の互換プログラムも用意しています。ご担当の先生で，micro:bit や Python の特徴を生かしたプログラム作成や授業等に活用していただければ幸いです。

---

† 肩付きの数字は，巻末の引用・参考文献番号を表す。

注 1） 本文中に記載している会社名，製品名は，それぞれ各社の商標または登録商標です。

注 2） 本書に記載の情報，ソフトウェア，URL は 2023 年 2 月現在のものを掲載しています。

目　　　　次

5. アルゴリズムとプログラム

6. 通信とプログラム

7. 総 合 問 題

1. プログラミングの基礎

1.1 micro:bit の基本操作

📖 ここでは，micro:bit の基本操作について説明する。

micro:bit は，**図 1.1** のような手のひらサイズのコンピュータ[1] である。

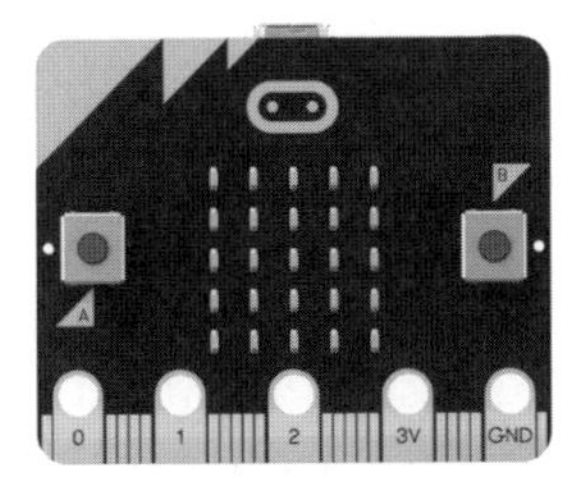

図 1.1 micro:bit

下記の micro:bit の Web サイトへアクセスする。その中に，「マイプロジェクト」「チュートリアル」「ゲーム」などがあり，「マイプロジェクト」では，新しいプロジェクトを作成したり，保存したプロジェクト（プログラム）を読み込むことができる。

> https://makecode.microbit.org/

⚠**注意**：日本語で表示されていない場合は Web ページの一番下で日本語を選択しておく。

「新しいプロジェクト」を選択し，「作成」を押すと，**図 1.2** のような micro:bit のシミュレータ画面が表示される。画面の左側から，micro:bit での実行が確認できるシミュレータ，ツールボックス，そして一番右側が，プログラミングエリアである。

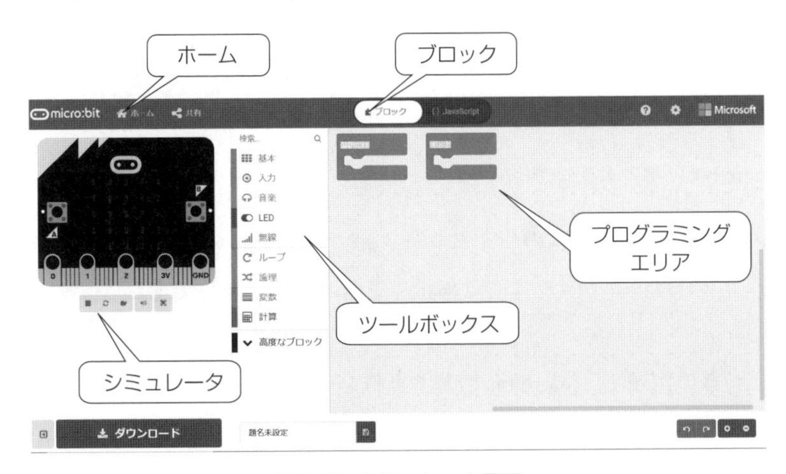

図 1.2 シミュレータ画面

［ツールボックス］　ツールボックスには，基本，入力，音楽，LED，無線，ループ，論理，変数，計算，そして，高度なブロックがあり，それぞれのツールボックスのツールをクリックすると，利用できるブロックが表示される。

［プログラミングエリア］　プログラミングエリアは，ツールボックスで選択したブロックをエリア内にドロップすることによってプログラムが作成できるブロックエディタになっている。最初に，「最初だけ」「ずっと」のブロックが置かれる。

［ホーム］　画面の上部左側には「ホーム」があり，「ホーム」を選択すると，新しいプロジェクトの場合には，名前を付けて保存できる。

［ブロック］［JavaScript］　画面の上部の真ん中の「ブロック」を「JavaScript」に切り替えることによって，「ブロック」でかかれたプログラムを「JavaScript」で表示することができる。

［ダウンロード］　画面の下に，［ダウンロード］「題名未設定」「FD のアイコン」のボックスがあり，プログラム名を入れてパソコンにプログラムを保存したり，micro:bit にプログラムをダウンロードしたりすることができる（**図 1.3**）。名前を入れて，右にある「FD のアイコン」をクリックすると，パソコンのフォルダにファイルを保存することができる。

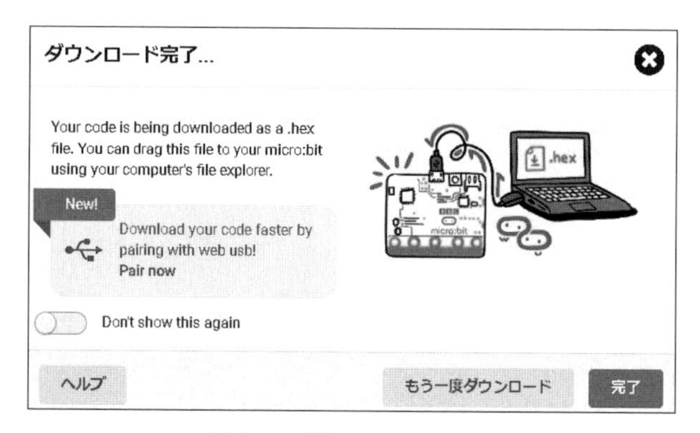

図 1.3　ダウンロード画面

また，パソコンの USB に micro:bit をつないで，表示に従って micro:bit にプログラムを転送することができる。転送が完了すれば，micro:bit でプログラムを動かすことができる。

⚠**注意**：micro:bit にプログラムが格納されていれば，上書きされるので注意しよう。

［シミュレータ］　micro:bit のシミュレータは，micro:bit の画面の下のボタンが，四角ボタン（■）であれば，クリックすると停止，三角ボタン（▶）であれば，クリックすると開始できる。

それでは，つぎの例題で，micro:bit の基本操作を確かめてみよう。

【例題 1-1】 **図 1.4** のようなハートマークを LED 画面に表示させよう。つぎに，ハートマークを点滅させてみよう。作成したプログラムはパソコンに保存する。

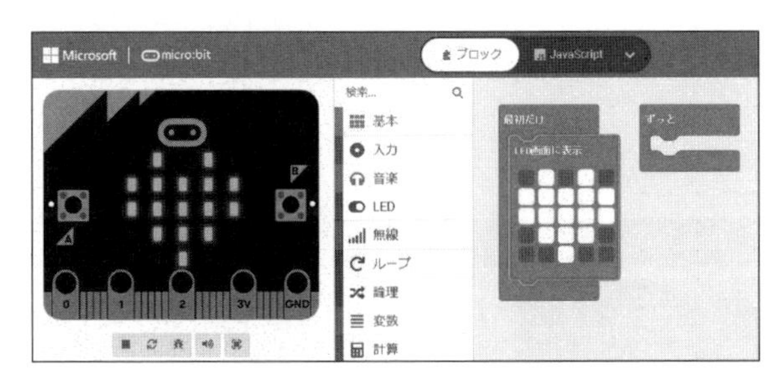

図 1.4 シミュレータ画面

〈**手順 1**〉 rei1-1-1

1）「ホーム」をクリックし，「新しいプロジェクト」を選択する。
2） ツールボックスの中の「基本」をクリックし，「LED 画面に表示」ブロックをドラッグ＆ドロップでプログラミングエリアに移動する。
3）「最初だけ」ブロックに，「LED 画面に表示」ブロックをつなぐ。
4） LED をクリックすると光の ON/OFF が切り替わるので，ハート形に見えるように LED を ON にし，動作を確認する。
なお，不要なブロックは，ツールボックスへドラッグ＆ドロップすると削除できる。

〈**手順 2**〉 rei1-1-2

図 1.5 ブロックのプログラム

1）「LED 画面に表示」を「ずっと」ブロックに移動する。
2）「基本」から「一時停止（ミリ秒）」ブロックをつなぎ，「100」の横の▼をクリックし，「500」に変える。
3）「基本」から「表示を消す」ブロックをつなぐ。
4）「一時停止（ミリ秒）」ブロックをつなぎ，数値を 100 から 500 に変えておく（**図 1.5**）。
5） ダウンロードの右のアイコンをクリックして，適切なフォルダにプログラム名（rei とすると，実際には microbit-rei.hex となる）をつけて，保存する。
6） パソコンの USB に micro:bit をつなぎ，保存したプログラムを選んで，右クリック⇒送る⇒ MICROBIT でファイルを転送できる。
7） 転送している間，micro:bit の裏側の LED がオレンジ色に点滅し，点滅が終われば，リセットボタンを押して，プログラムを起動させる。

1.2 プログラムの基礎（順次，繰返し）

ここでは，プログラムの基本的な構造である順次構造や繰返し構造について学ぶ。

【例題 1-2】 つぎのプログラムを作成して，**図 1.6** のように表示されることを確かめよう。 rei1-2

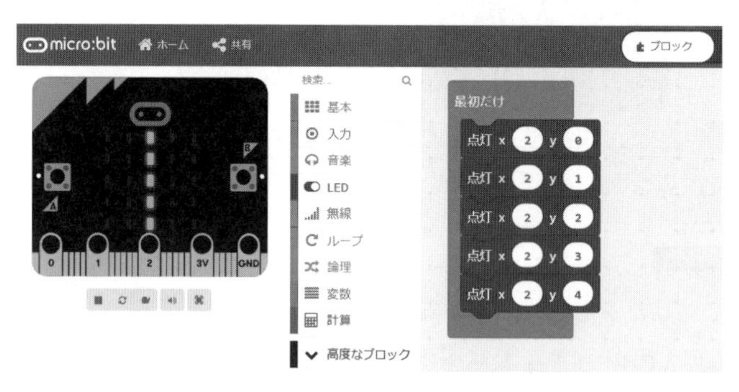

図 1.6　シミュレータ画面

〈**手順**〉

1）「基本」から「最初だけ」ブロックを選択する。
2）「LED」から「点灯」ブロックを選択し，x を「2」，y を「0」にする。なお，左上の LED の座標は（0, 0），右下の LED の座標は（4, 4）である。
3）「点灯」ブロックにマウスをあて，右ボタンを押して「複製する」を選択する。
4）点灯ブロックを 4 回コピーし，x をすべて「2」，y を「1 ～ 4」にする。
5）五つの点灯ブロックを「最初だけ」ブロックに接続し，動作を確認する。

このようなプログラムの基本構造を**順次構造**という。

【例題 1-3】 例題 1-2 のプログラムを「ループ」から繰返しのブロックと**変数**を使って，プログラムを変更してみよう（**図 1.7**）。 rei1-3

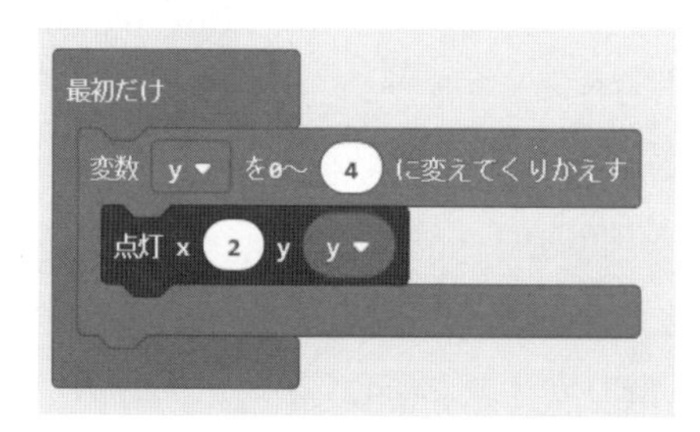

図 1.7　ブロックのプログラム

〈**手順**〉

1）点灯ブロック（五つ）を「最初だけ」ブロックから外す。

2）「ループ」から「変数（カウンター）を0～4に変えてくりかえす」ブロックを選択する。

3）「変数（カウンター）」を右クリックし，「変数の名前を変更」を選択して，ダイアログが表示されるので，「y」に変更する。

4）「最初だけ」ブロックに接続する。

5）「LED」から「点灯」ブロックを選択し，xの「0」を「2」に変更する。

6）「変数」から「y」を選択し，「点灯」ブロックのyの「0」の上に置く。

7）変更した「点灯」ブロックを「変数yを0～4に変えてくりかえす」ブロックに接続する。

変数は，数値や文字などのデータを入れる容器に当たるものであり，数値や文字などのデータを**定数**という。このようなプログラムの基本構造を**繰返し構造**という。

練習 1-1　**図1.8**のプログラムは，どのように表示されるか確かめてみよう。 ren1-1

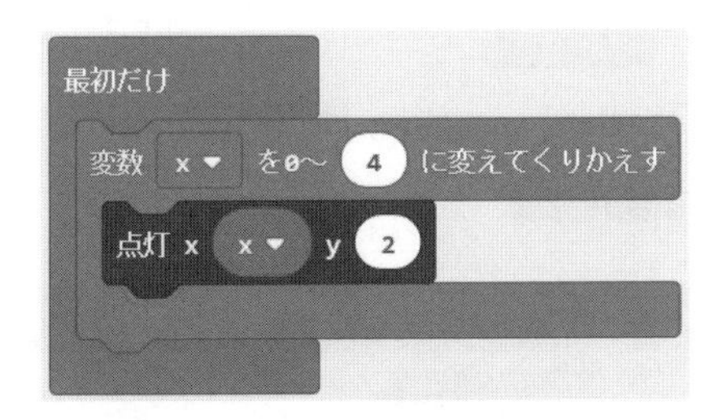

図1.8　ブロックのプログラム

【例題 1-4】　例題1-3で，点灯のx座標を変数「x」，y座標を変数「4-x」に変更して，図の形を確かめてみよう（**図1.9**）。つぎに，作成したプログラムが「JavaScript」では，どのように書かれているか確かめてみよう。 rei1-4

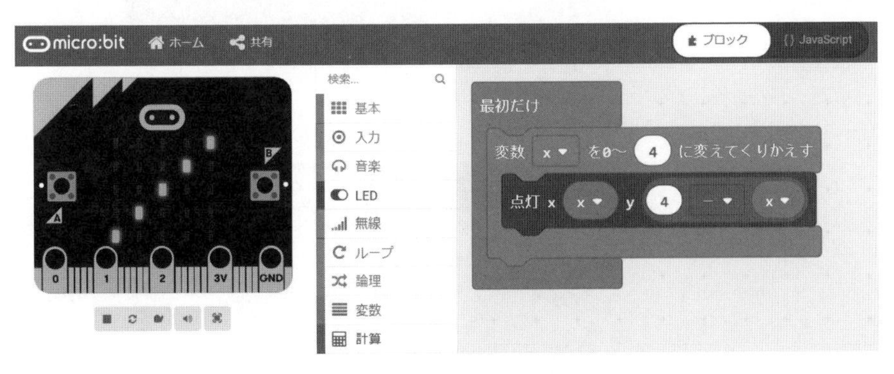

図1.9　シミュレータ画面

〈**手順（概略）**〉

1）「計算」から,「引き算」のブロックを選択する。

2） 計算式 (4-x) を作成して,「点灯」の y 座標に置く。

図 1.10 に示すように JavaScript では，繰返しは for を使う。使用する変数は,「let x = 0」のように定義される。また，x++ は，x を 1 ずつ増やすことである。

```
ブロック　{} JavaScript
1 for (let x = 0; x <= 4; x++) {
2     led.plot(x, 4 - x)
3 }
```

図 1.10　JavaScript プログラム

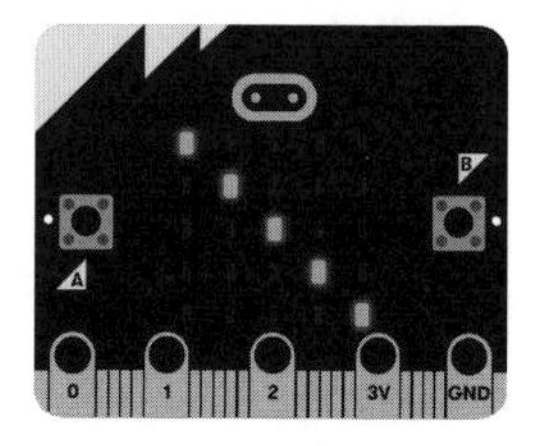

図 1.11　実行結果画面

練習 1-2　練習 1-1 で，点灯の y 座標を変数「x」に変更して，**図 1.11** の形になるか確かめよう。ren1-2

練習 1-3　**図 1.12** の図形を描くプログラムを作成し，JavaScript のプログラムを確かめてみよう。ren1-3-1

また，LED の点灯順序は異なるが，**図 1.13** の JavaScript のプログラムのように簡単にすることができることも確かめてみよう。ren1-3-2

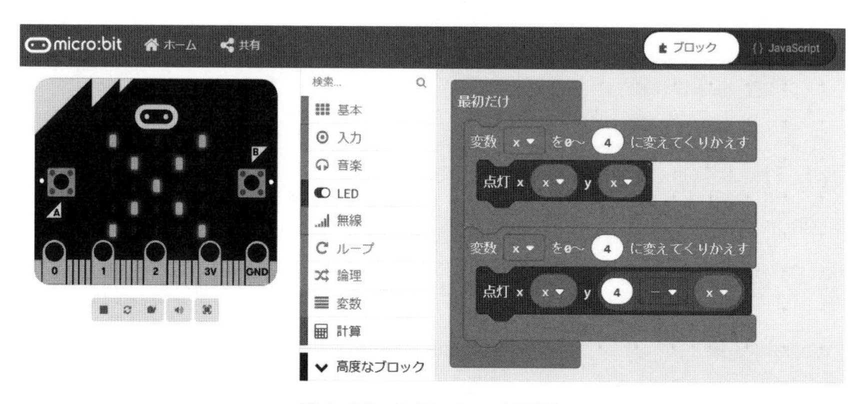

図 1.12　シミュレータ画面

```
ブロック　{} JavaScript
1 for (let x = 0; x <= 4; x++) {
2     led.plot(x, x)
3     led.plot(x, 4 - x)
4 }
```

図 1.13　JavaScript プログラム

【例題 1-5】　**図 1.14** に示すプログラムでは，LED がすべて点灯する図形になるか（**図 1.15**），点灯の順序も確かめてみよう。 rei1-5

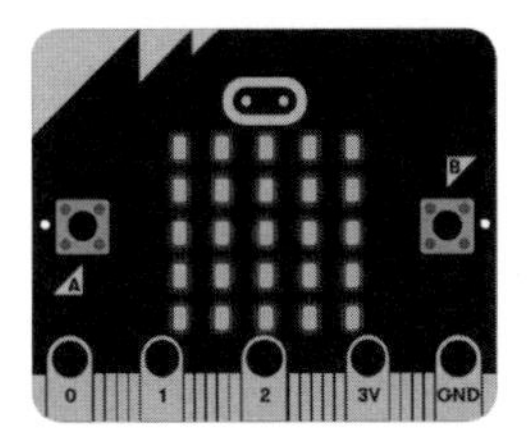

図 1.15　実行結果画面

（a）　ブロックのプログラム

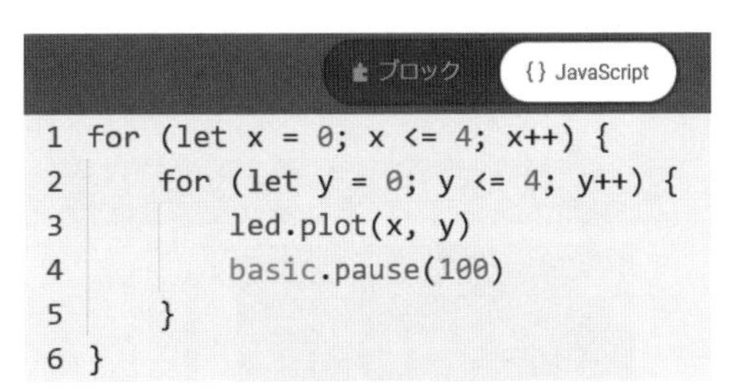

（b）　JavaScript プログラム

図 1.14　ブロックと JavaScript のプログラム比較

図 1.14（b）のように，「for ～」が二つある繰返しを **2 重ループ**という。

【例題 1-6】　例題 1-4 のプログラムの繰返し「for ～」が「while ～」になるように，「ループ」の箇所でブロックを変更して，プログラムを作成しよう（**図 1.16**）。また，JavaScript のプログラムを確かめてみよう。 rei1-6

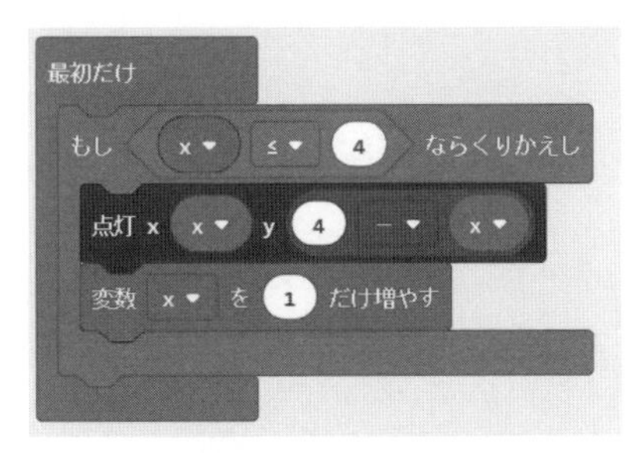

（a）　ブロックのプログラム

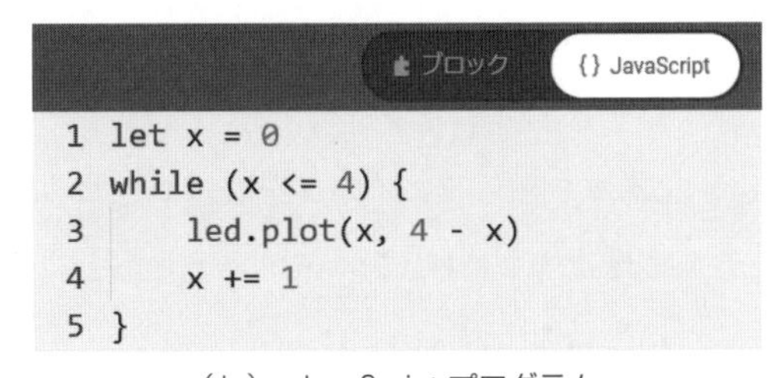

（b）　JavaScript プログラム

図 1.16　ブロックと JavaScript のプログラム比較

「x += 1」は，「x = x + 1」と同じ内容で，最初の「let x = 0」，ループ内にある「x += 1」で，x を 1 ずつ増やし，繰り返していくことになる。

このような繰返しを**カウンター**という。なお，繰返し回数がわからないときは，for は使えないので，While を使うとよい。

1.3 プログラムの基礎（分岐）

ここでは，プログラムの基本的な構造である分岐構造について学ぶ。

【例題 1-7】 乱数（0,1）を発生させて，変数「c」に代入して，cが0のときは「小さいダイアモンド」（グー），cが1のときは，「しかく」（パー）を「ずっと」繰り返し表示するようなプログラムを作成しよう（**図 1.17**）。なお，グー，パーとなる図形は，「基本」の「アイコンを表示」から選択する。rei1-7

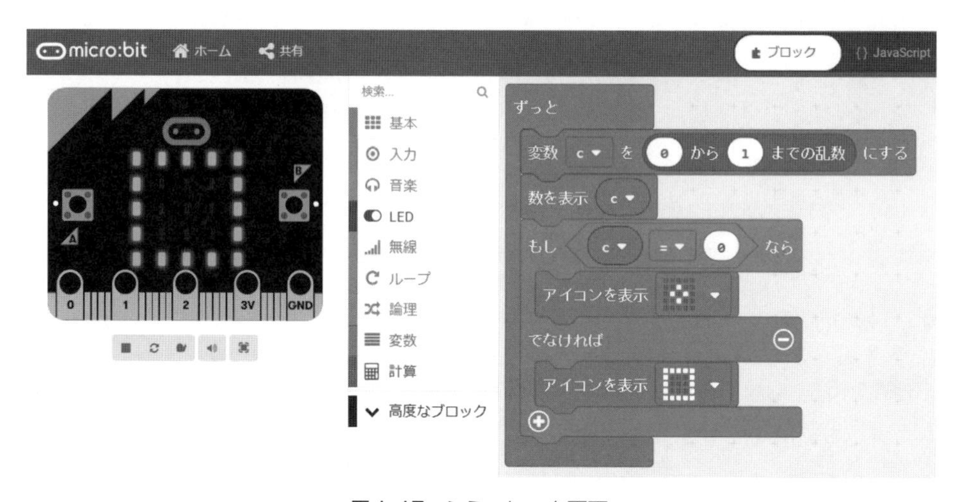

図 1.17　シミュレータ画面

〈手順〉

1）「論理」から「もし～なら～でなければ」ブロックを選択し，「ずっと」ブロックに接続する。

2）「基本」から「アイコンを表示」ブロックを選択し，「小さいダイアモンド」「しかく」を選択する。「小さいダイアモンド」は「～なら」，「しかく」は「～でなければ」の後に接続しておく。

3）「変数」から「変数を追加する」を選択し，変数の名前をcにする。また，「変数を0にする」ブロックを選択して，変数の箇所をcに変更する。

4）「論理」から「0 = 0」ブロックを選択し，「c = 0」に変更し，「もし…」ブロックに重ねる。

5）「計算」から「0から10までの乱数」を選択し，範囲を「0から1」にし，「変数…」ブロックに重ねる。

このようなプログラムの基本構造を**分岐構造**という。

【例題 1-8】 乱数（0, 1, 2）を発生させて，変数 c に代入して，c が 2 のときは，「アイコンを表示」の「はさみ」（チョキ）を表示するようなプログラムに変更しよう（**図 1.18**）。

rei1-8

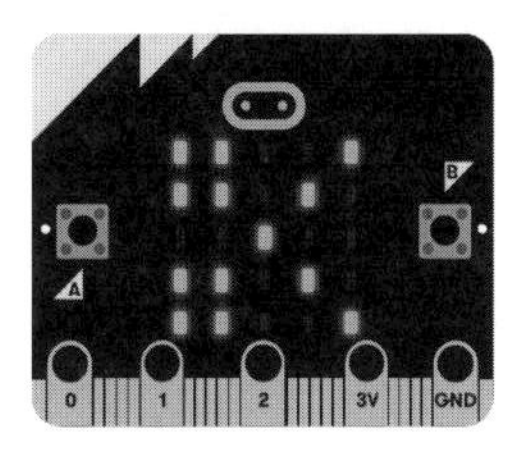

図 1.18　実行結果画面

〈手順〉

1）「もし～なら～でなければ」ブロックを「もし～なら～でなければもし～なら～でなければ」とするには，ブロックの「＋」マークをクリックすると，「でなければもし～なら」が追加される（**図 1.19**（a））。つぎに，チョキを追加する（図（b））。

2）「0 から 1 までの乱数」を「0 から 2 までの乱数」にしておく。

3）「でなければもし」の箇所に，「c = 1」にブロックを追加しておく。

（a）もし～なら～でなければ（変更前）

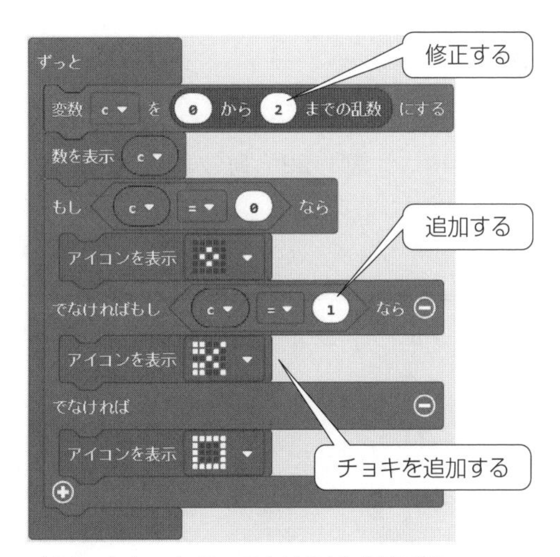

（b）もし～なら～でなければ（変更後）

図 1.19　論理ブロック

練習 1-4　例題 1-7 や例題 1-8 の JavaScript のプログラムを確認しておこう（**図 1.20**）。

ブロック　{} JavaScript

```
1 let c = 0
2 basic.forever(function () {
3     c = Math.randomRange(0, 1)
4     basic.showNumber(c)
5     if (c == 0) {
6         basic.showIcon(IconNames.SmallDiamond)
7     } else {
8         basic.showIcon(IconNames.Square)
9     }
10 })
```

図 1.20　JavaScript プログラム

――演　習　問　題――

【1-1】 つぎの JavaScript プログラムを，実行してどのような図形になるか確かめてみよう。また，ブロックでかかれたプログラム（**図 1.21**）も確かめておこう。 ens1-1

JavaScript（演習問題 1-1）

```
for (let x = 0; x <= 4; x++) {
  for (let y = 0; y <= 4; y++) {
    if (x == y) {
      led.plot(x, y)
      basic.pause(100)
    }
  }
}
```

※「もし〜なら〜」は，「if 〜」で書ける。

※「==」は「等しい」の意味で，**論理演算子**とよばれるものの一つである。

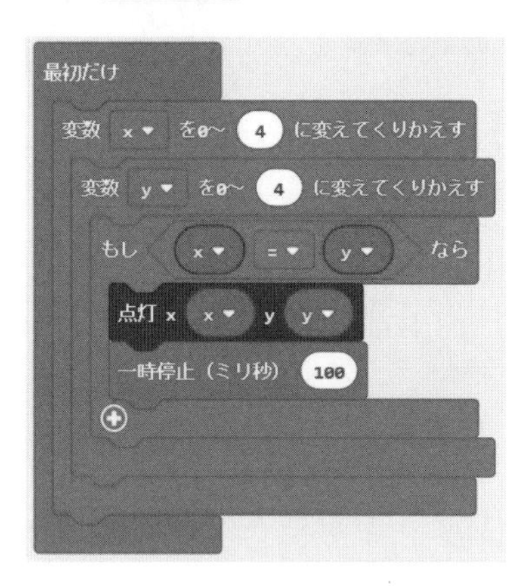

図 1.21　ブロックのプログラム

【1-2】 演習問題 1-1 のプログラムで，「if」の箇所をつぎの（a）〜（c）に置き換えたとき，どのような順序で，**図 1.22** と同じような表示になるかを確かめ，順番を数字で記入しよう。

なお，「||」は，「または」の意味である。

（a） `if (4 - x <= y)` ens1-2-1

（b） `if (x == y || 4 - x == y)` ens1-2-2

（c） `if (x == 2 || y == 2)` ens1-2-3

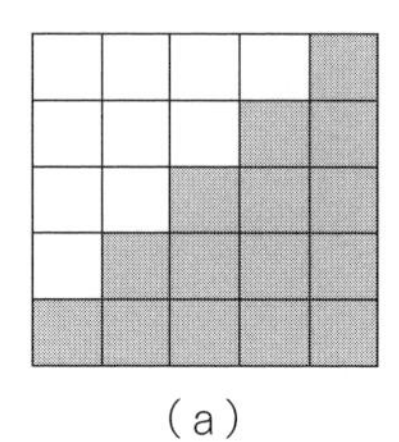

（a）

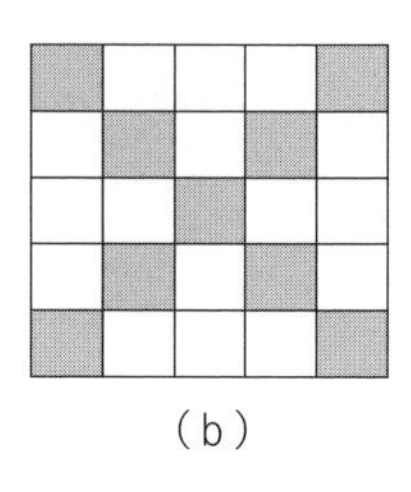

（b）

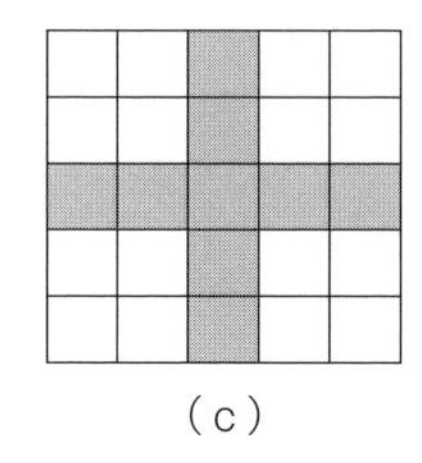

（c）

図 1.22　表示結果

【1-3】 例題 1-8 の「ずっと」の箇所を，「入力」から「ゆさぶられたとき」ブロックに変更してみよう。なお，「ゆさぶる」は，シミュレータでは，「SHAKE」をクリックする。

実際に，micro:bit にプログラムをダウンロードして，動作を確かめよう（**図 1.23**）。 ens1-3

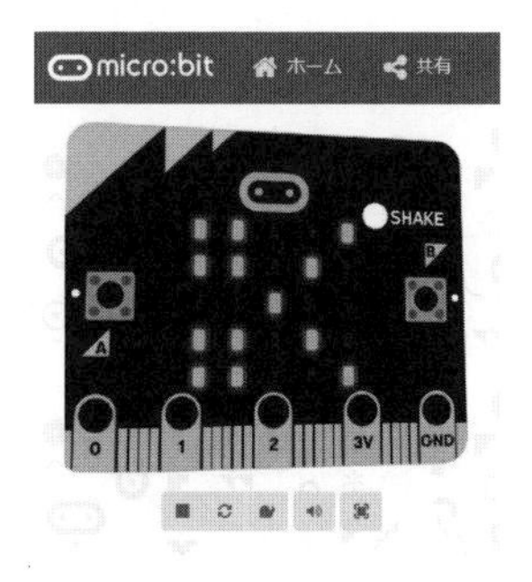

図 1.23　実行結果画面

2. プログラミングの応用（関数，配列）

2.1 じゃんけんゲーム

ここでは，じゃんけんゲームの作成を通じて，関数の作成や乱数の利用について学ぶ。

【例題 2-1】 じゃんけんゲームで，ボタンAを押すとAさんが，ボタンBを押すとBさんが，出した「グー」「チョキ」「パー」のアイコンを表示するプログラムを作成してみよう（**図 2.1**）。

なお，「グー」「チョキ」「パー」のアイコンは，「小さいダイアモンド」「はさみ」「しかく」を選択する。そして，表示は2回使うので**関数**にし，関数名を「hyouji」にする。作成したJavaScriptのプログラムも確かめておこう。 rei2-1

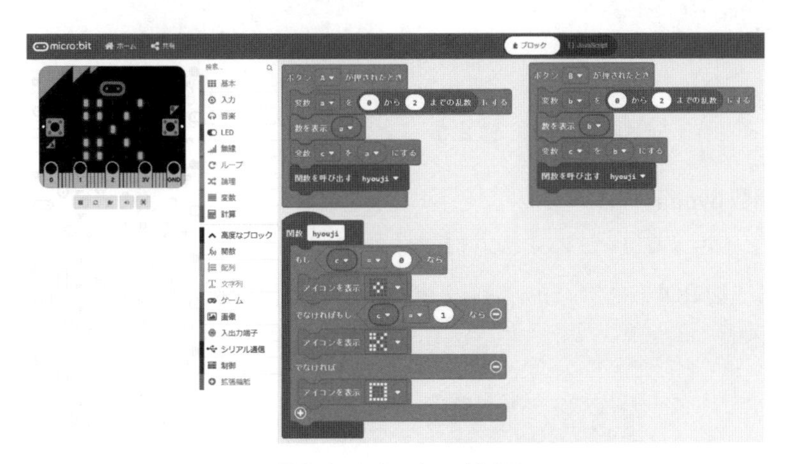

図 2.1 シミュレータ画面

〈手順（ボタンA，ボタンB）〉

1）「入力」から「ボタン（A）が押されたとき」ブロックを選択する。

2）「変数」から「変数を追加する」ブロックを選択し，「a」と「c」を作成する。

3）「変数」から「変数を0にする」ブロックを選択し，変数を「a」に変更しておく。

4）「計算」から「0から10までの乱数」ブロックを選択し，「変数aを0にする」の「0」上に，変数「a」に置く。また，乱数の「10」を「2」にしておく。

5）「基本」から「数を表示」ブロックを選択し，発生する乱数の値を確認する。

6）作成している「変数cを0にする」の「0」の上に，変数「a」を置く。

7）「高度なブロック」の「関数」から「関数を作成する」ブロックを選択してクリックし，関数名を「hyouji」とすると，「関数（hyouji）」のブロックが作成される（**図 2.2**）。

8）作成したブロックを「ボタン（A）が押されたときのブロックに入れる（**図 2.3**（a））。

9）ボタンBの場合も，変数名「a」が「b」になるが，同様に作成する（図（b））。

図 2.2　関数の作成

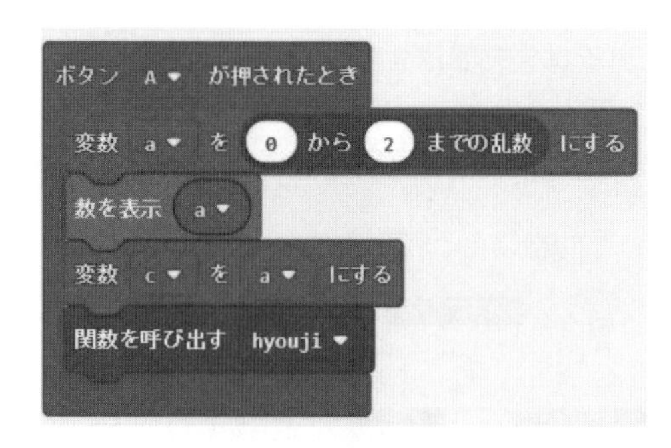

（a）ボタンA

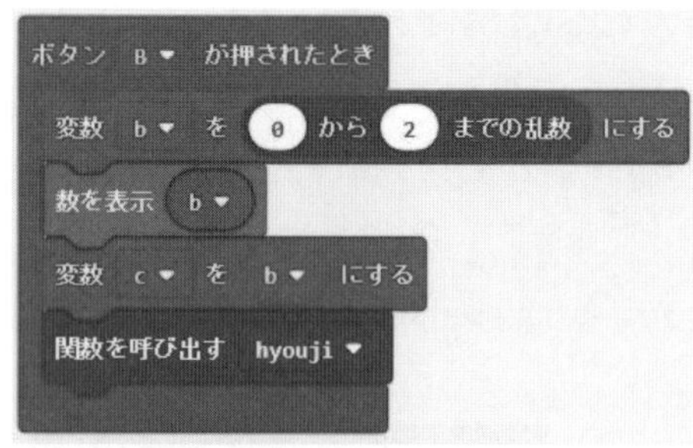

（b）ボタンB

図 2.3　入力ブロック

〈**手順（関数 hyouji）**〉

1）「論理」から「もし～なら～でなければ」を選択し，ブロックの下部の「＋」をクリックする（**図 2.4**（a））。「if ～ else」ブロックが「if ～ else if ～ else」ブロックになる（図（b））。

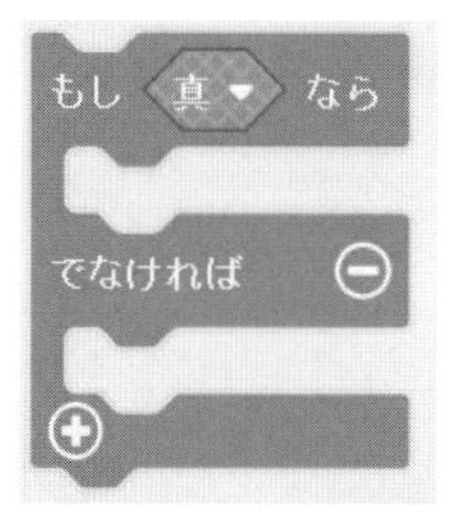

（a）if ～ else ～ else

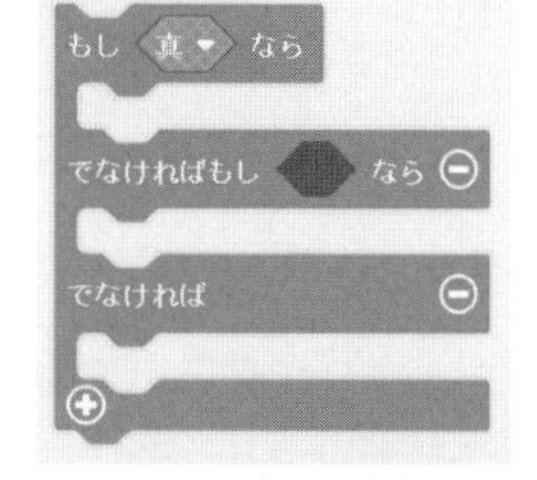

（b）if ～ else if ～ else

図 2.4　論理ブロック

2）「論理」から「0 = 0」を二つ選択しておく。変数「c」を選択し，「0 = 0」を「c = 0」とし，「もし～」ブロックのところに置く。同様に，「0 = 0」を「c = 1」とし，「なら～」ブロックのところに置く。

3）「基本」から「アイコンを表示」を選択し，「小さいダイアモンド」「はさみ」「しかく」として，「c = 0」は「小さいダイアモンド」，「c = 1」は「はさみ」，それ以外「c = 2」は「しかく」として，それぞれの場所に置く（**図 2.5**）。

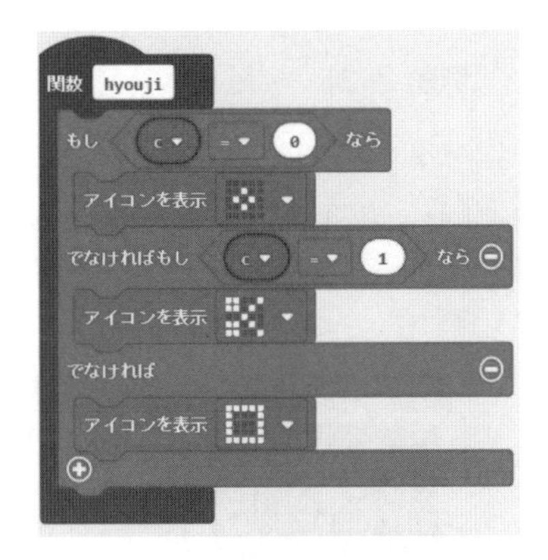

図 2.5　アイコン表示の関数

〈**JavaScript**〉

ブロックから JavaScript に変換すると，つぎのようなプログラムになる。

変数 a，b，c は，Button（ボタン）A，B，function（関数）hyouji の外で定義され，「let a = 0」のように，初期値「0」が設定されている。このように，a，b，c は，Button A，B，function hyouji のいずれにも使われるので，関数の外側で定義されている。

function hyouji では，「if ～ else if ～ else ～」のブロック構文になっており，if 文の判定は，「(c == 0)」，else if 文の判定は，「(c == 1)」になっている。

なお，「//」で記述される箇所は，プログラムの実行には関係しない**注釈行**である。

JavaScript（例題 2-1）

```
// 変数の定義と初期化
let a = 0
let b = 0
let c = 0
// 表示の関数プログラム
function hyouji()  {
  if (c == 0) {
    basic.showIcon(IconNames.
    SmallDiamond)
  } else if (c == 1) {
    basic.showIcon(IconNames.
    Scissors)
  } else {
    basic.showIcon(IconNames.Square)
  }
}
```

```
// ボタン A のプログラム
input.onButtonPressed(Button.A, ()
=> {
  a = Math.randomRange(0, 2)
  basic.showNumber(a)
  c = a
  hyouji()
})
// ボタン B のプログラム
input.onButtonPressed(Button.B, ()
=> {
  b = Math.randomRange(0, 2)
  basic.showNumber(b)
  c = b
  hyouji()
})
```

⚠**注意**：関数内で定義された変数である**ローカル変数**に対して，関数外で定義された変数は**グローバル変数**という。

【例題 2-2】 例題 2-1 のプログラムで，ボタン A と B を同時に押したとき（A+B と表示）に，判定の結果を表示するプログラムを追加しよう（**図 2.6**）。

なお，表示は，勝った人は「A」「B」，引き分けは「AB」とする。また，A，B の勝敗は，「じゃんけんの判定表」を作成し，その勝敗の判定式で行う。 rei2-2

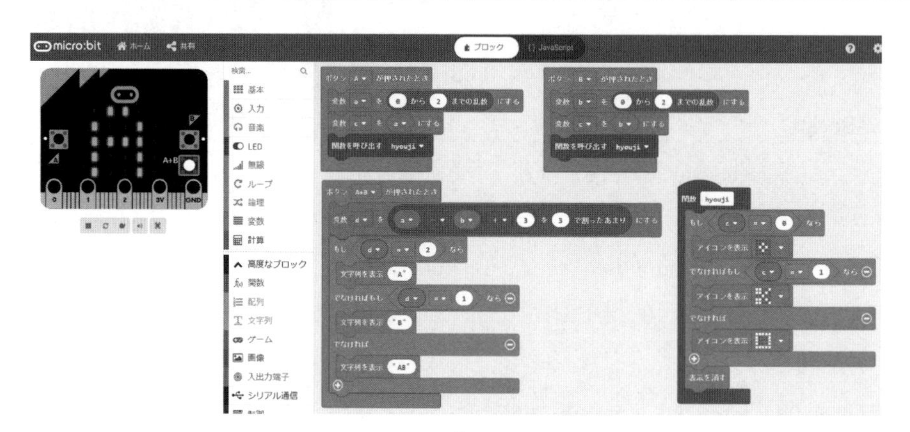

図 2.6　シミュレータ画面

なお，A さん，B さんとも，グー，チョキ，パーの 3 通りがあり，組合せは，9 通りである。判定は 9 通りでなく，引き分け，勝ち，負けの三つであり，(A-B) の値で考えてもよいが，「(A - B + 3) を 3 で割った余り」を求めると，0 は引き分け，A さんは 2 で勝ち，1 で負け，として判定することもできる（**表 2.1**）。すなわち

引き分けの場合　　$(A-B+3)\%3 = 0$

A さんが勝つ場合　　$(A-B+3)\%3 = 2$

B さんが勝つ場合　　$(A-B+3)\%3 = 1$

となる。この勝敗の判定式により，「じゃんけん」の勝敗判定のプログラムを作成する。

表 2.1　じゃんけんの判定表

種類	数値	A	B	判定	(A−B) の値	(A−B+3) %3 の値
グー	0	0	0	引き分け	0	0
		0	1	A	−1	2
		0	2	B	−2	1
チョキ	1	1	0	B	1	1
		1	1	引き分け	0	0
		1	2	A	−1	2
パー	2	2	0	A	2	2
		2	1	B	1	1
		2	2	引き分け	0	0

〈手順（ボタン A + B）〉

1）「入力」から「ボタン（A）が押されたとき」ブロックを選択し，（A+B）に変更する。

2）「変数」から「変数」ブロックを選択し，変数「d」を追加する。

3）「計算」から「0 − 0」「0 + 0」ブロックを選択し，「a − b + 3」の式を作成する。

4）「計算」から「0 を 1 で割った余り」を選択し，「a − b + 3」を 3 で割った余りとする。

5）「変数」から「変数を 0 にする」ブロックを選択し，変数「d = 0」にし，「a − b + 3」を 3 で割った余りを重ねる。「ボタンが（A+B）押されたとき」ブロックに入れる。

6）「論理」から「0 = 0」ブロックを選択し，変数「d」を「0 = 0」ブロックに重ねて，「d = 2」「d = 1」を作成する。

7）「論理」から「もし〜なら〜でなければ」ブロックを選択し，「if 〜 else if 〜 else 〜」ブロックにする。「ボタンが（A+B）押されたとき」ブロックに入れる。

8）「論理」から「または」ブロックを選択し，「もし〜」ブロックの箇所に「d = 2」の式を重ねる。

9）「論理」から「または」ブロックを選択し，「でなければもし〜」ブロックの箇所「d = 1」の式を重ねる。

10）「基本」から「文字列を表示」ブロックを選択し，「A」「B」「AB」を作成し，該当箇所に入れる（**図 2.7**）。

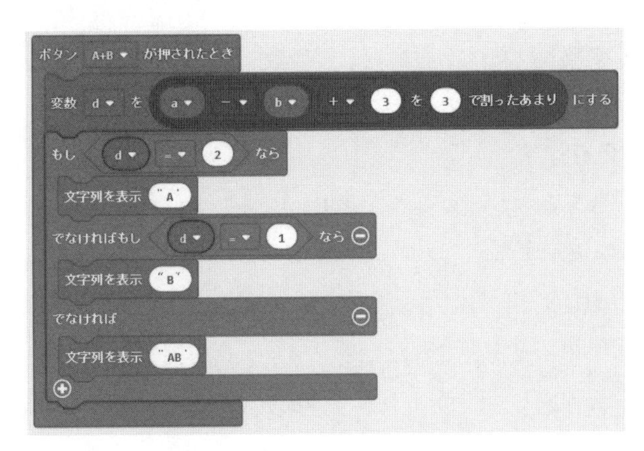

図 2.7　入力ブロック（ボタン A+B）

なお，「(A - B + 3) を 3 で割った余り」を求める式が，JavaScript のプログラムでは，「d = (a - b + 3) % 3」となっていることを確かめておこう。

練習 2-1　「高度なブロック」の文字列にある文字列の表示を，「文字列をつなげる」ブロックを利用して「A」「Kachi」「B」「Kachi」，また，「Hikiwake」と変更してみよう。

ren2-1

2.2 数あてゲーム

ここでは，数あてゲームの作成を通じて，関数の作成や乱数の利用について学ぶ。

【例題 2-3】 簡単な数あてゲームのプログラムを作成してみよう。ボタンAを押したとき，候補の数値を「0～2」の乱数で発生させる。ボタンBを押したとき，あっていれば「♥」のアイコン，間違っていれば，「×」のアイコンを表示する（**図 2.8**）。rei2-3

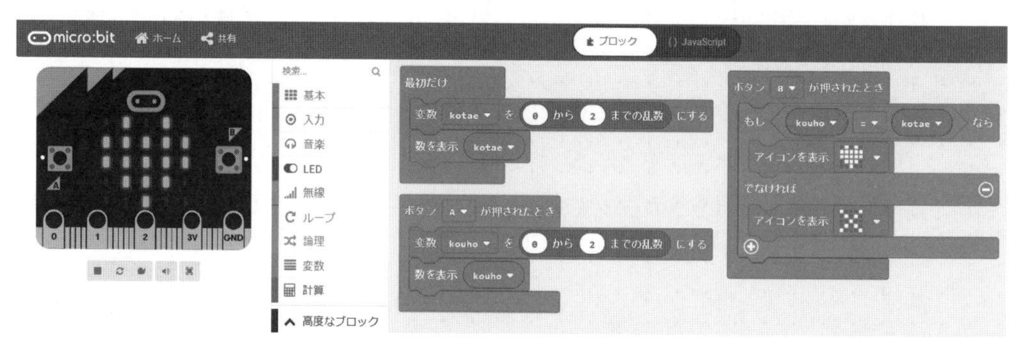

図 2.8　シミュレータ画面

〈**手順**〉

1）「基本」から「最初だけ」ブロックに選択する。

2）「変数」から「変数」ブロックを選択し，変数「kotae」を作成し，「0から2までの乱数」を設定する（**図 2.9**）。

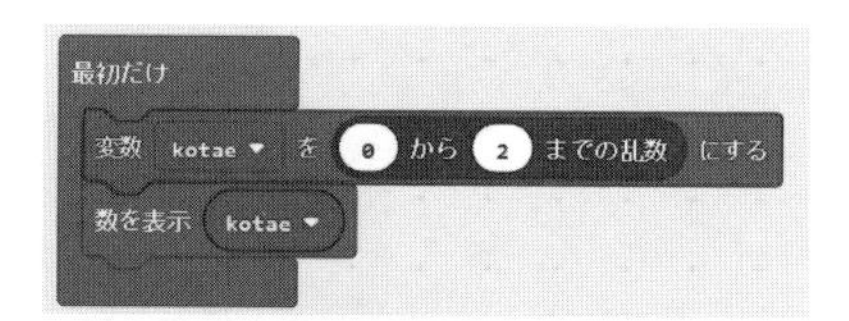

図 2.9　乱数の設定

3）「基本」から「数を表示」ブロックを選択し，変数「kotae」を表示する。

〈**手順（ボタン A，B）**〉

1）「入力」から「ボタンAが押されたとき」ブロックを選択する。

2）変数「kouho」を作成し，「0から2までの乱数」に設定する（**図 2.10**（a））。

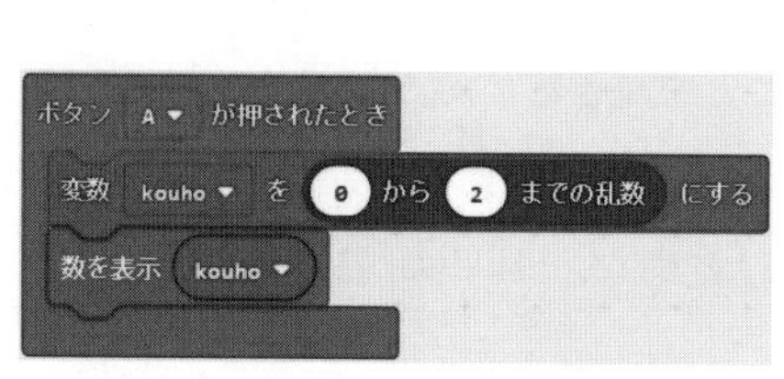

（a）ボタンA

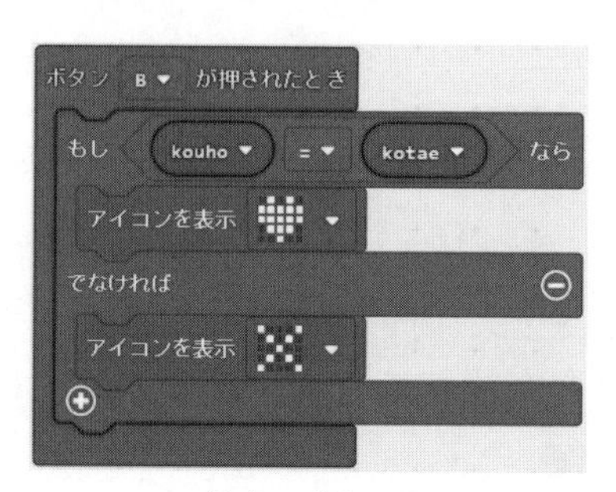

（b）ボタンB

図 2.10　入力ブロック

3）「入力」から「ボタンBが押されたとき」ブロックを作成する。

4）「論理」から「もし〜なら〜でなければ」ブロックを選択する。

5）「論理」から「0 = 0」を選択し，変数「kotae」「kouho」から「kouho = kotae」を作成し，「もし〜」ブロックに置く。

6）「もし〜なら」ブロックに「♥」のアイコン，「でなければ」ブロックに「×」のアイコンを表示する（図（b））。

【例題 2-4】　つぎのようなプログラムを作成してみよう。「0 〜 4」の乱数を発生させて，答えおよび候補の数値を作成し，候補の数値が答えより大きければ「↓」，候補の数値が答えより小さければ「↑」を表示する。答えと一致していれば，答えを表示した後，「Hit」と表示する（**図 2.11**）。プログラムは，関数 hantei とする。なお，ボタン A を押すと，候補の数値を一つ増し，ボタン B を押すと，候補の数値を一つ減らす。 rei2-4

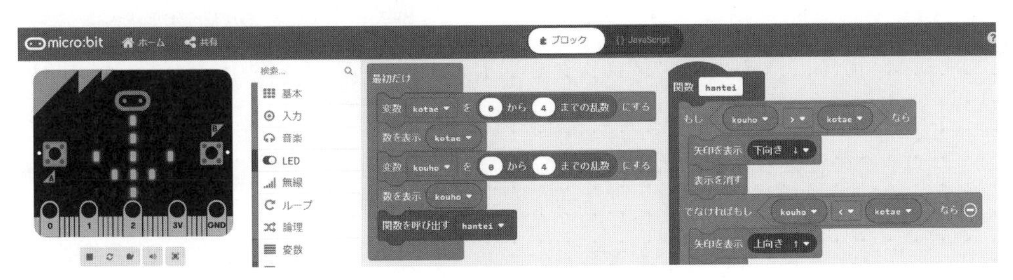

図 2.11　シミュレータ画面

〈手順〉

1）「基本」から「最初だけ」ブロックを選択する。

2）「変数」から「変数」ブロックを選択し，変数「kotae」「kouho」を作成しておく。

3）変数「kotae」を「0 から 4 までの乱数」に設定し，「基本」から「数を表示」ブロックを選択し，「kotae」を表示する。

4）変数「kouho」を「0 から 4 までの乱数」に設定し，「基本」から「数を表示」ブロックを選択し，「kouho」を表示する。

5）「高度なブロック」の「関数」から「関数を作成する」ブロックで，hantei を作成する。関数 hantei を呼び出す（**図 2.12**）。

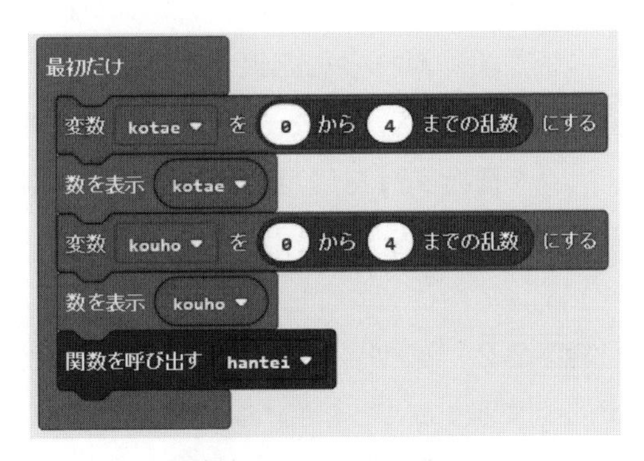

図 2.12　答・候補の値設定

〈手順（関数 hantei）〉（概略）

1）「論理」から「もし～なら～でなければ」ブロックを選択し，「＋」をクリックし，ブロックを増やして「if ～ else if ～ else ～」ブロックにする。

2）「論理」から「0 > 0」ブロックを選択する。

3）変数「kouho」「kotae」を選択し，「kouho > kotae」とし，「もし～」ブロックに置く。

4）「基本」から「矢印を表示」ブロックを選択し，「下向き↓」にする。

5）「論理」から「0 < 0」を選択する。

6）変数「kouho」「kotae」を選択し，「kouho < kotae」とし，「でなければもし～」ブロックに置く。

7）「基本」から「矢印を表示」ブロックを選択し，「上向き↑」にする。

8）「基本」から「数を表示」ブロックを選択し，「kouho」表示するとし，「でなければ」ブロックのところに置く（**図 2.13**）。

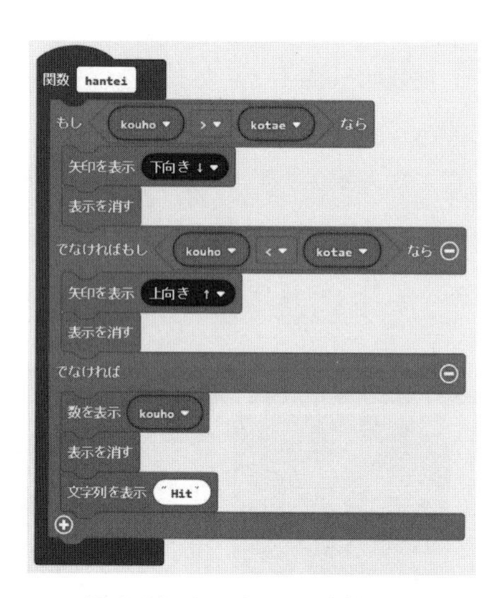

図 2.13　じゃんけんの判定関数

〈手順（ボタン A，B）〉

1）「入力」から「ボタン A が押されたとき」ブロックを選択する。

2）「変数」から「変数を 1 だけ増やす」ブロックを選択し，設定する。

3）「高度なブロック」の「関数」から「呼び出し hantei」ブロックを選択する。

4）関数 hantei を呼び出す（**図 2.14**）。

図 2.14　入力ブロック（ボタン A）

5）同様に，「入力」から「ボタン B が押されたとき」ブロックを選択する。

6）「変数」から「変数を 1 だけ増やす」ブロックを選択し，「1」を「−1」に変更する。

7）関数 hantei を呼び出す。

練習 2-2　最初の数値設定で，候補の数値は，1 回で当たることをさけるように乱数を発生させてみよう（**図 2.15**）。ren2-2

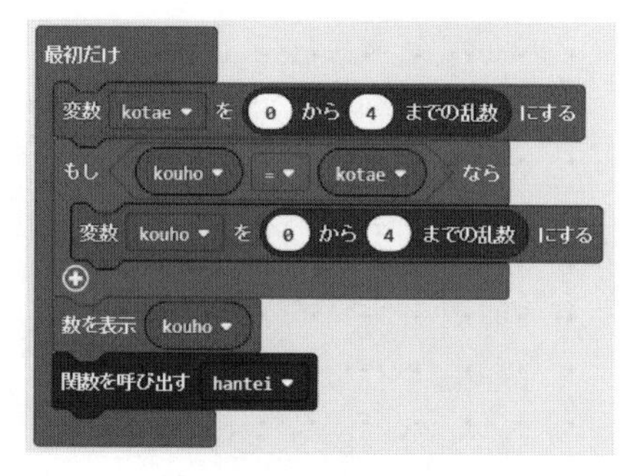

図 2.15　候補の値設定

2.3 グラフの作成

ここでは，簡単な例題を通して，配列の取扱いを学んだ後，棒グラフを作成する。

【例題 2–5】 五つのデータ（3，2，1，5，4）を格納する配列を定義した後，LED から「点灯」ブロックを利用して，横棒グラフ（**図 2.16**）で表示してみよう。 rei2–5

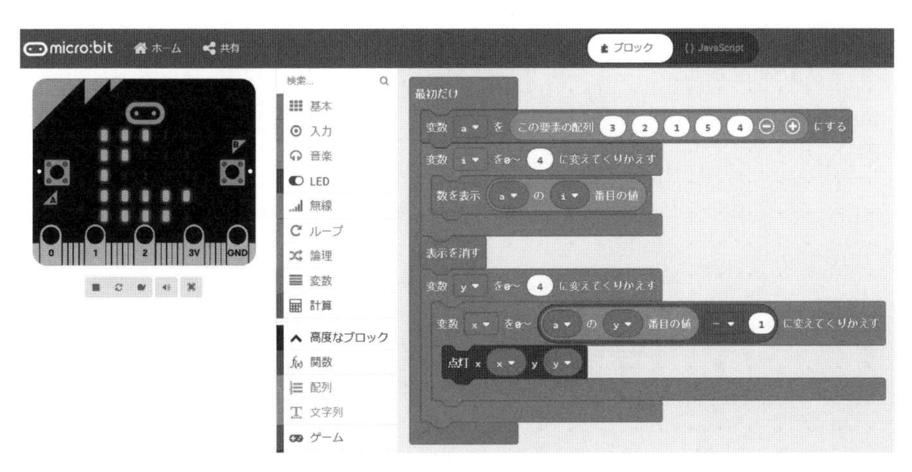

図 2.16　シミュレータ画面

〈配列と初期設定〉

同じ種類のデータ（数値や文字など，この例では五つの数値）を集めたものが**配列**である。また，配列に格納されるデータを**要素**という。

配列の**数値データ**は，「高度なブロック」の「配列」から「変数　配列をこの要素の配列…にする」ブロックを用いる。このブロックを選択して，「＋」をクリックして，要素を五つに増やしてから，配列データの数値「0」を「3」「2」「1」「5」「4」に変更する。配列の**文字列データ**の場合も同じようにできる（**図 2.17**）。

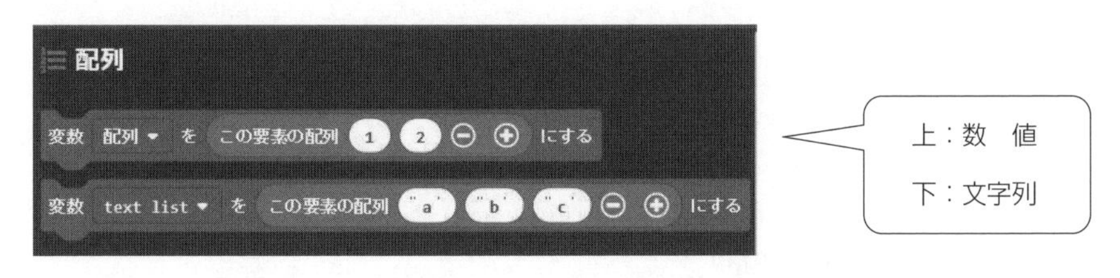

図 2.17　配列の初期設定

〈**手順**〉

1）「基本」から「最初だけ」ブロックを選択する。

2）「変数」から「変数」ブロックで，変数「a」「x」「y」を作成しておく。

3）先に，作成している配列の数値データ（3，2，1，5，4）の変数を「a」にする。

4）「ループ」の「カウンターを…」ブロックを選択して，変数の名前を「i」にする。

5）「高度なブロック」の「配列」の「配列の0番目の値」ブロックで，配列の変数を「a」に変更し，i番目の値にし，カウンターにつなぐ。

6）「ループ」の「カウンターを…」ブロックを二つ選択して，変数「y」「x」にしておく。

7）変数「x」のループの終了を，計算の「0-0」ブロック，配列の「配列の0番目の値」を選択して，数値から1を引いた計算式となるようにする（**図 2.18**）。

8）「LED」から「点灯」ブロックを選択して，変数「y」のループ，変数「x」のループの中に入れる。

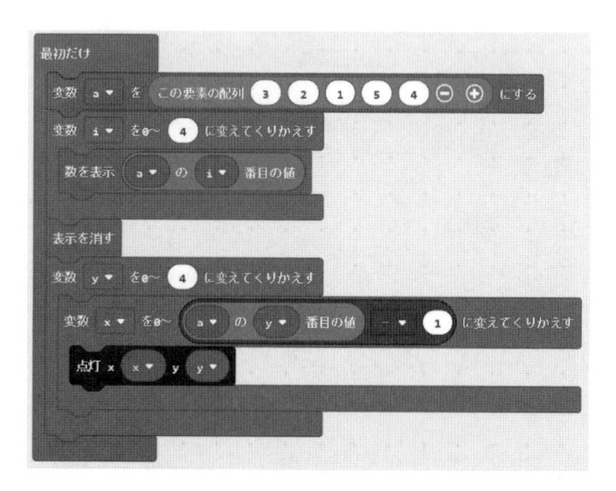

図 2.18　ブロックのプログラム

JavaScript（例題 2-5）

```
let a: number[] = []
a = [3, 2, 1, 5, 4]
for (let i = 0; i <= 4; i++) {
  basic.showNumber(a[i])
}
basic.clearScreen()
for (let y = 0; y <= 4; y++) {
  for (let x = 0; x <= a[y]
    - 1; x++) {
    led.plot(x, y)
  }
}
```

コラム：関数の引数と戻り値

右のJavaScriptのプログラムでは，3と5の値を関数sumに引き渡して，関数sumで「a + b」を計算し，その結果の値をsとしている。また，return sで関数を呼び出している箇所に戻して，cに代入している。 c23-kansu

関数では，このa，bを**引数**，sを**戻り値**と呼んでいる。なお，引数，戻り値は，数値型であることを示すために，「number」としている。

JavaScript

```
let c = 0
c = sum(3, 5)
basic.showString("3+5=")
basic.showNumber(c)
function sum(a: number, b:
number): number {
  let s = 0
  s = a + b
  return s
}
```

練習 2-3 配列に数値を入れるプログラム（**図 2.19**）は，JavaScript では，（a）や（b）のように書くことができる。しかし，ブロックに変換できない場合（（b）のプログラム）は，灰色表示で，JavaScript のまま表示される。このことを確かめておこう。ren2-3-1，ren2-3-2

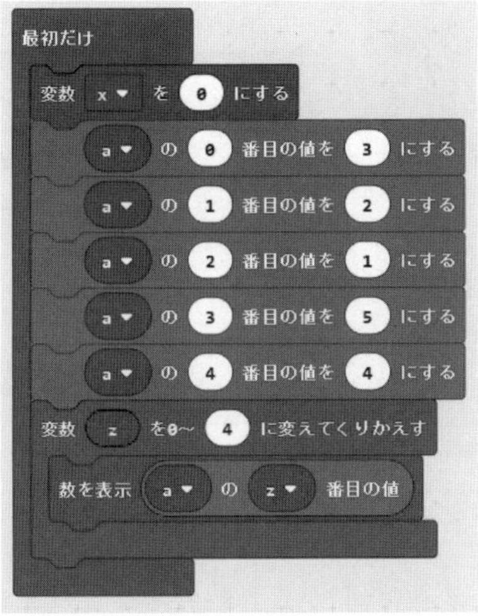

図 2.19　ブロックのプログラム

JavaScript（練習 2-3）(a)

```
let x = 0
let a: number[] = []
a[0] = 3
a[1] = 2
a[2] = 1
a[3] = 5
a[4] = 4
for (let z = 0; z <= 4; z++) {
  basic.showNumber(a[z])
}
```

JavaScript（練習 2-3）(b)

```
let x = 0
let a: number[] = []
a[0] = 3, a[1] = 2, a[2] = 1, a[3]
= 5, a[4] = 4
for (let z = 0; z <= 4; z++) {
  basic.showNumber(a[z])
}
```

JavaScript では，データが数値の場合は，a のように**数値型**の変数「number」，データが文字（文字列）の場合は，b のように**文字列型**の変数「string」で定義される。

練習 2-4 右の JavaScript のプログラムで変数「a」「b」を表示して，確かめてみよう。ren2-4

JavaScript（練習 2-4）

```
let a: number[] = []
a = [1, 2]
let b: string[] = []
b = ["AB", "cd"]
```

【例題 2-6】 例題2-5のデータを縦棒グラフ（**図 2.20**）で表示してみよう。

rei2-6

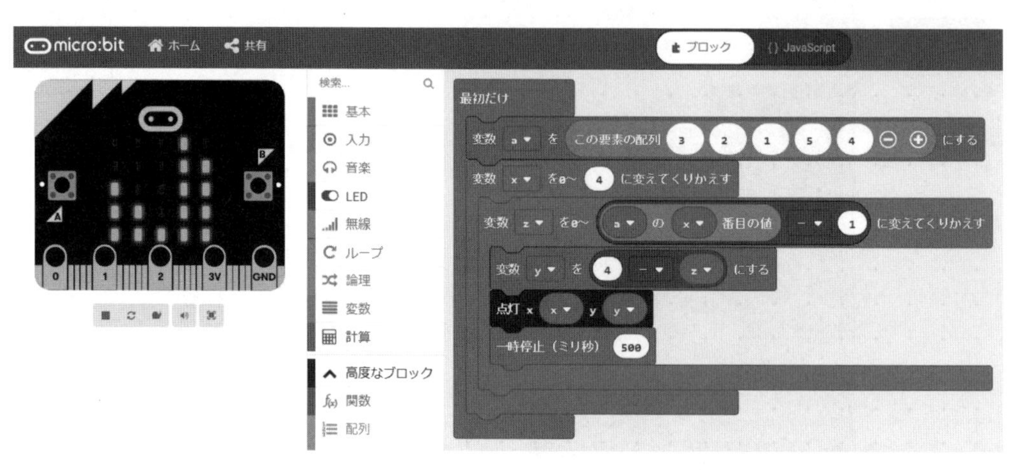

図 2.20　シミュレータ画面

例題2-5との大きな違いは，変数「x」と変数「y」が入れ替わること，また，表示が上（y = 0）からでなく，左（x = 0）からになることである。

〈**手順**〉

1）yの値を，下（y = 4）から表示させたいので，「4 - y」に変換する。

2）新しい変数「z」を設定して，計算式を「y = 4 - z」とする。

3）変数「z」は0から始まるので，配列「a」の数値から1を減らした値になる（**図 2.21**）。

なお，このプログラムでは，表示順序を見せるために，一時停止を入れている。

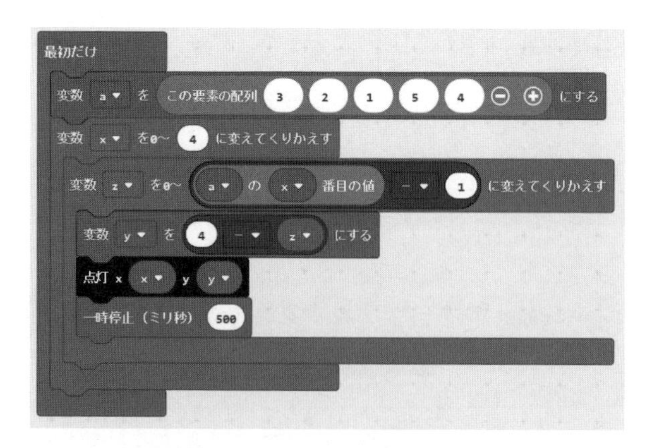

図 2.21　ブロックのプログラム

2.4 10 進数から 2 進数への変換

ここでは，2 進数と 10 進数の取扱いについて，教材プログラムで学ぶ。

日常使う 0 から 9 までの数値は **10 進数**であり，コンピュータの内部で使われる数値は，0 と 1 の数値だけで表される **2 進数**である。10 進数から 2 進数への変換を，10 進数の 10 は 2 進数の $(1010)_2$ となることで確かめてみよう（**図 2.22**）。10 進数から 2 進数への変換は，10 進数を 2 で割り，その余りを求める[4),5)]。また，10 進数に変換するには，2 進数の各桁の数値を，それぞれ，1 (2^0)，2 (2^1)，4 (2^2)，8 (2^3) 倍して和を求める（**表 2.2**）。

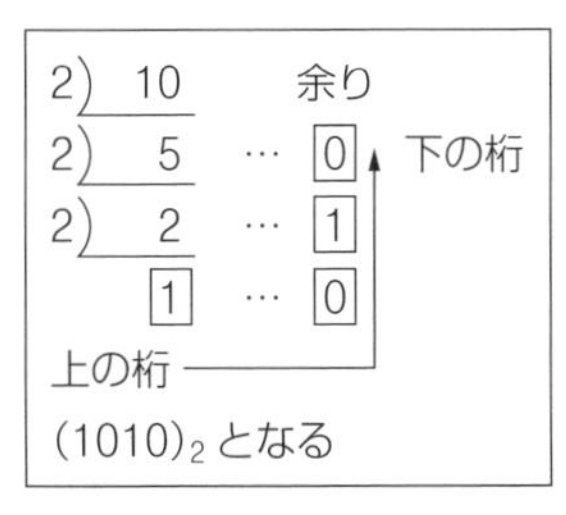

（a） 10 進数から 2 進数

$$
\begin{aligned}
(1010)_2 &= 1\times2^3 + 0\times2^2 + 1\times2^1 + 0\times2^0 \\
&= 1\times8 + 0\times4 + 1\times2 + 0\times1 \\
&= 8 + 0 + 2 + 0 \\
&= 10
\end{aligned}
$$

$(10)_{10}$ となる

（b） 2 進数から 10 進数

図 2.22　10 進数，2 進数の変換

表 2.2　10 進数と 2 進数各桁の数値

10 進数	2 進数			
	2^3 の桁	2^2 の桁	2^1 の桁	2^0 の桁
1	0	0	0	1
2	0	0	1	0
4	0	1	0	0
8	1	0	0	0
10	1	0	1	0

【例題 2-7】　図 2.23 は，10 進数を 2 進数に変換する教材プログラムの実行結果である。プログラムを実行して，どのように表示されていくかを確認してみよう。 rei2-7

途中結果

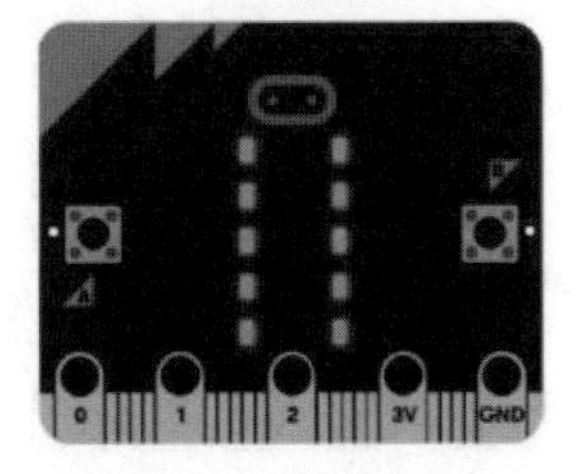

（a） k=10，「01010」のとき

最終結果

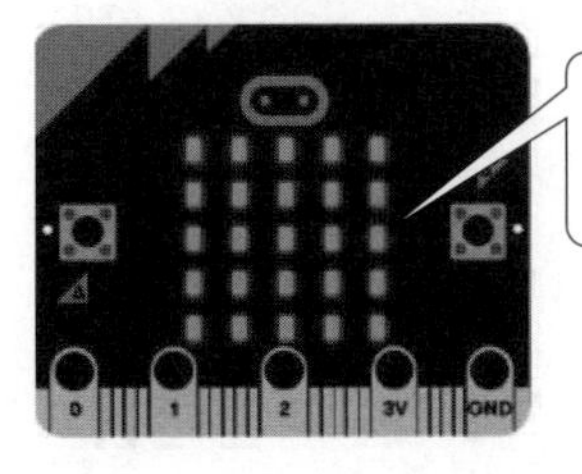

縦に並んだ棒（五つの LED の点灯）は，2 進数の 1 を表している。

（b） k=31，「11111」のとき

図 2.23　実行結果

JavaScript（例題 2-7）

```
// 配列 xp の定義と初期データの設定
let xp： number[] = []
xp = [0, 0, 0, 0, 0]
//10 進数 k を 0 ～ 31 まで設定
for (let k = 0; k <= 31; k++) {
  DtoB(k)
}
//10 進数を 2 進数に変換する関数
function DtoB(k： number) {
  for (let j = 4; j >= 0; j--) {
    xp[j] = k % 2
    k = Math.floor(k / 2)
  }
  Plot()
}
//LED の表示 ( 点灯 )
function Plot() {
  for (let i = 4; i >= 0; i--) {
    if (xp[i] == 1) {
      let x = i
      for (let y = 0; y <= 4; y++) {
        led.plot(x, y)
      }
    }
  }
  basic.pause(1000)
  basic.clearScreen()
}
```

関数 DtoB()：10 進数の k に対して，「k % 2」は余りを求める式で，j = 4 では，2 進数の一番下の桁（2^0）の余りを求める。j = 0 では，一番上の桁（2^5）の余りを求める。k / 2 で，k を 2 で割ることにより，つぎの桁を求める数値（k）にしている。

Math.floor()：整数化（切り捨てる）関数

関数 Plot()：2 進数が「1」のとき，その桁の LED を点灯している。なお，縦軸（y 座標）は，すべてを点灯するようにしている。

―― 演 習 問 題 ――

【2-1】 例題2-5，例題2-6のプログラムを関数化（「Graph_H」「Graph_V」）して，JavaScriptのプログラムを確かめてみよう（**図2.24**，**図2.25**）。 ens2-1

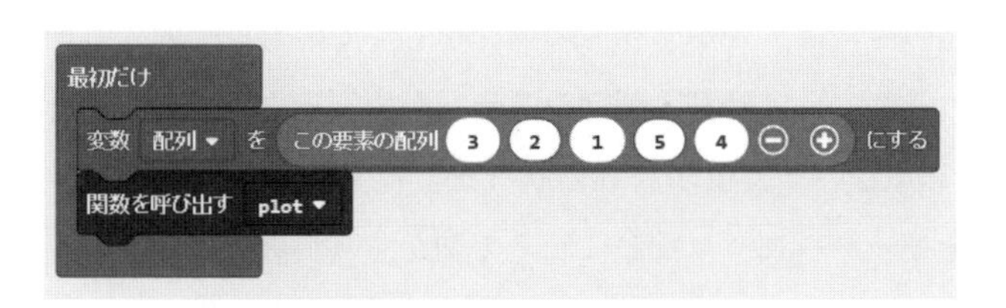

図2.24 配列の値設定，関数呼出し

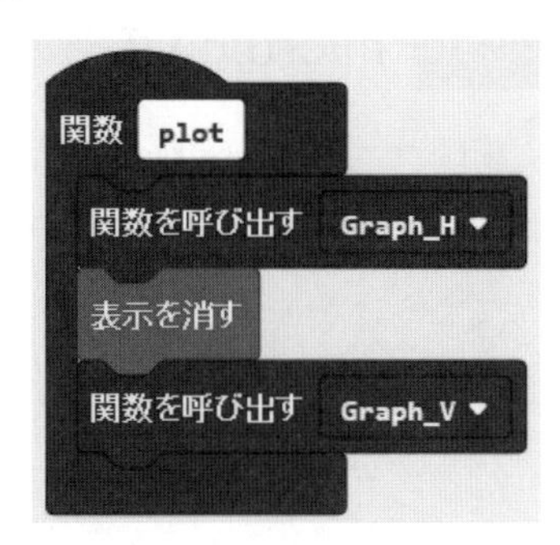

図2.25 グラフの関数（plot）

【2-2】 演習問題2-1のプログラムで，「Graph_H」「Graph_V」のJavaScriptをつぎのような関数のプログラムに変更してみよう。 ens2-2

JavaScript（演習問題2-2）	

let x = 0
let y = 0
let a : number[] = []
a = [3, 2, 1, 5, 4]
 	
plot(0)
basic.clearScreen()
plot(1)
	function plot(g : number) {
	  if (g == 0) {
	
	// 「Graph_H」のJavaScript
	
	  } else {
	
	// 「Graph_V」のJavaScript
	
	  }
	}

⚠**注意**：関数`plot`を呼び出している箇所`plot(0)`は，関数に引数「`0`」を引き渡して実行している。

`function plot(g:number)`では，関数に引き渡された引数は，「`g`」という変数（数値型）で利用している。

3. センサによる計測・制御プログラム

3.1 micro:bit の各種センサと制御

📖ここでは，micro:bit に付属しているさまざまなセンサの取扱いについて学ぶ。

私たちの身の回りにある電化製品の中には，人がすべての操作をしなくても自動的に処理するようになっているものがあり，それらには**計測・制御システム**が組み込まれている。計測・制御システムというのは，センサという装置が周りの状況を計測し，その情報をコンピュータが判断して処理し，それをモータやヒータなどに伝えて動かす（制御する）ものである。例えば，エアコンには温度を測るセンサがあって，室温が一定温度になるようにエアコンに内蔵されているコンピュータが風の温度や量，向きを調整する。

micro:bit は，**図 3.1** のように多くのセンサを持っている。

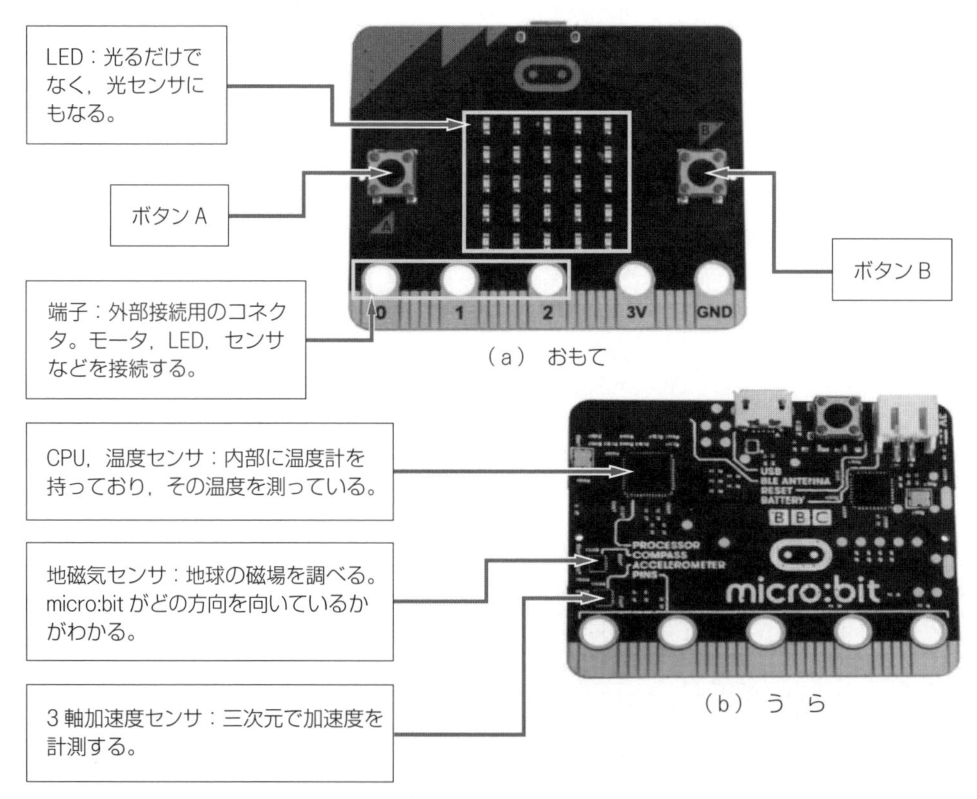

図 3.1　micro:bit の各種センサ

【例題 3-1】 光センサ（LED）を使って明るさの値をLEDに表示するプログラムを作り（**図 3.2**），LEDの部分を覆って値が変化することを確かめてみよう。 rei3-1

図 3.2　シミュレータ画面

〈**手順**〉

1）「基本」から「ずっと」ブロックを選択する。

2）「基本」から「数を表示」ブロックを選択する。

3）「入力」から「明るさ」ブロックを選択する。

4）「基本」から「表示を消す」ブロックを選択する。

5）「基本」から「一時停止（ミリ秒）」ブロックを選択し，「1 000」（1秒）を選択する。

なお，4）で一度表示を消して，5）で1秒待つことで，表示を見やすくしている。

⚠**注意**：光センサは，暗いとき0で，最大の明るさのとき255の値になる。

〈**各種センサ**〉

「入力」ブロックには，**図 3.3**，**図 3.4**のようにmicro:bitに搭載されているさまざまなセンサの値を調べるブロックがある。

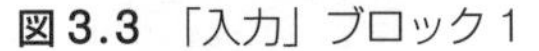

図 3.3　「入力」ブロック1

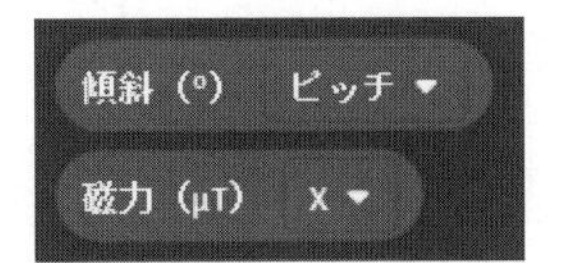

図 3.4　「入力」ブロック2

練習 3-1　各種センサを使って，加速度や方角，温度，傾斜（ピッチとロール），磁力などの値を表示させて，どのように変化するか調べてみよう。 ren3-1

3.2 音センサを使った音の制御

📖ここでは，音センサやスピーカーの取扱いについて学ぶ。

【例題 3-2】 micro:bit に外部スピーカーまたは圧電スピーカー[†]を接続し，「ドレミ𝄽」と音を鳴らしてみよう（**図 3.5**）。rei3-2　※ Ver.2 以降はスピーカーを内蔵。

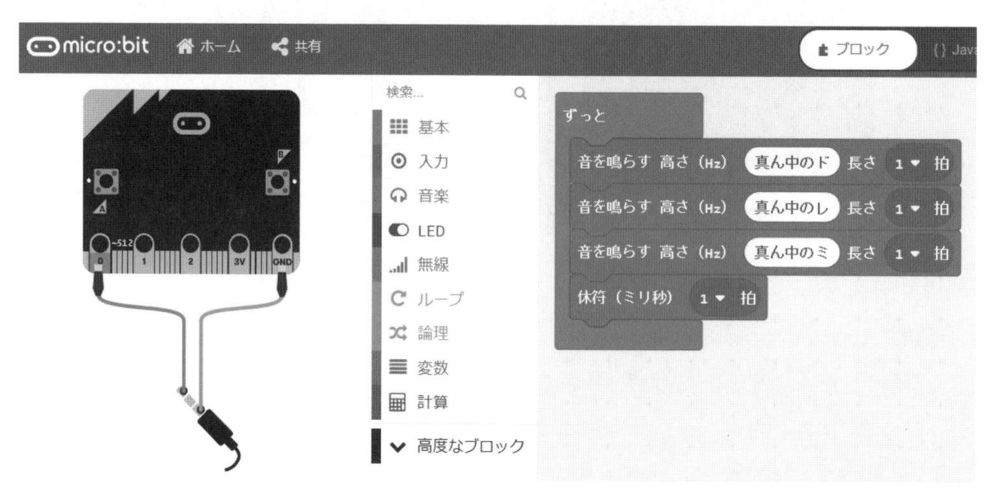

図 3.5　シミュレータ画面

〈手順〉

1）「基本」から「ずっと」ブロックを選択する。

2）「音楽」から「音を鳴らす　高さ　真ん中のド，長さ　1拍」ブロックを選択する（**図 3.6**）。

3）コピーして，「真ん中のド」をクリックすると鍵盤が表示されるので，レに変更する。

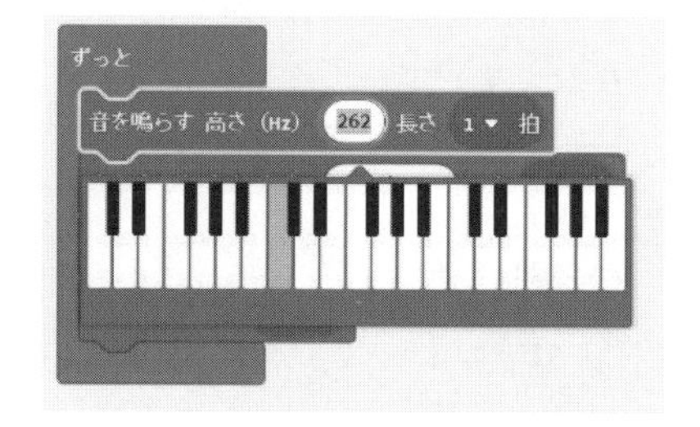

図 3.6　音楽ブロック（音を鳴らす）

4）同様にコピーして，ミに変更する。

5）「音楽」から「休符　1拍」ブロックを選択する。

「音を鳴らす」ブロックでは，指定された音階の振動数〔Hz〕（**表 3.1**）の矩形波が端子 P0 に出力され，P0 端子に接続したスピーカーで音が鳴る。

---

† 圧電スピーカーは，電圧をかけると変形するセラミックの薄板と金属板を貼り合わせた素子で，交流の電圧でセラミックが伸縮を繰り返すことで，音を出すことができる。周波数特性はあまり良くないが簡単な構造のため低コストで薄型化が可能である。
図 3.8（a）は，micro:bit 用の着脱できるワンタッチスピーカーを装着している。
https://tfabworks.com/product/tfw-sp1/

表 3.1　音階の振動数

音	ド	レ	ミ	ファ	ソ	ラ	シ	ド
振動数〔Hz〕	262	294	330	349	392	440	494	523

〈スピーカーの接続方法〉

図 3.7 のように，イヤフォンやスピーカーを端子 P0 と端子 GND に接続する。

〈圧電スピーカーの接続方法〉

図 3.8 のように接続する。

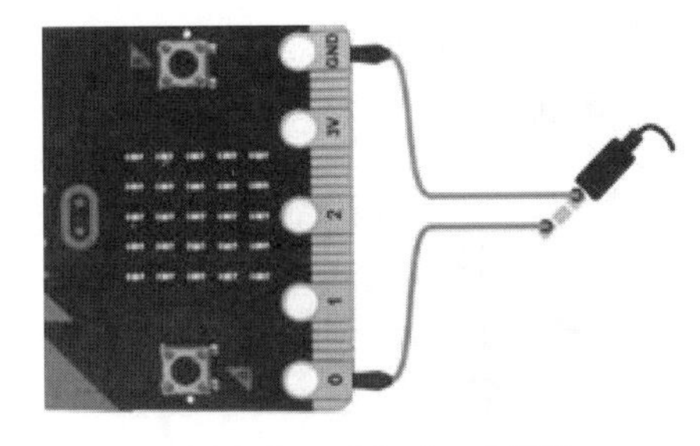

図 3.7　スピーカーの接続

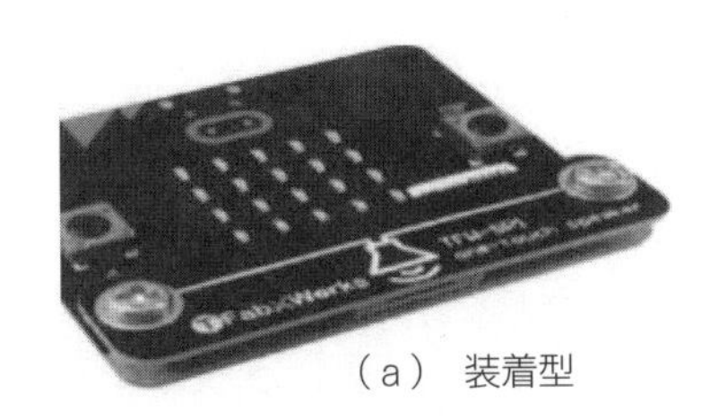

（a）　装着型

（b）　外部接続型

図 3.8　圧電スピーカーの接続

練習 3-2　例題 3-2 を修正して，計算の掛け算ブロックを使って，「真ん中のド」×2 と，「真ん中のド」×4 にしたプログラムを作成し（**図 3.9**），音を鳴らしてみよう。数字を 2 倍や 4 倍にしたときにどんな音階の音が出ているか，確かめてみよう。 ren3-2

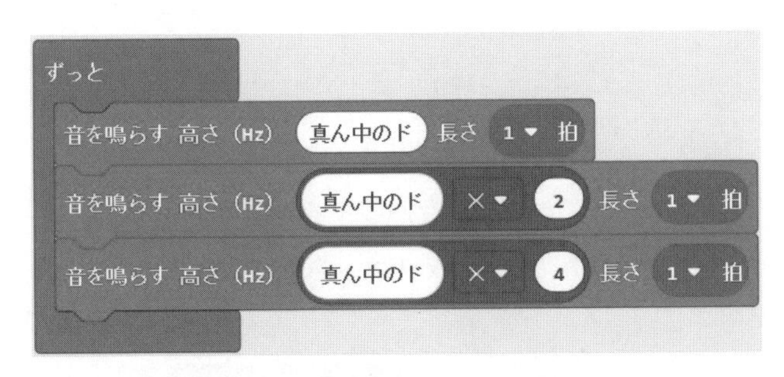

図 3.9　音楽ブロック（音を鳴らす）

練習 3-3　練習 3-2 のプログラムを少し修正して，2 倍，3 倍したときにはどんな音が聞こえるか，また，4 倍，5 倍にしたときはどんな音が聞こえるか，確かめてみよう。

ren3-3

このように周波数が 2 倍になると，音階が 1 オクターブ上がって，「ド」がつぎの「ド」に聞こえる。4 倍にするとさらに高い「ド」に聞こえ，3 倍にすると「ソ」が聞こえる。

【例題 3-3】 micro:bit のあらかじめ準備されているメロディから1曲を選んで，ボタンAを押したときに好きなメロディが鳴るようにしてみよう（**図 3.10**，**図 3.11**）。

rei3-3

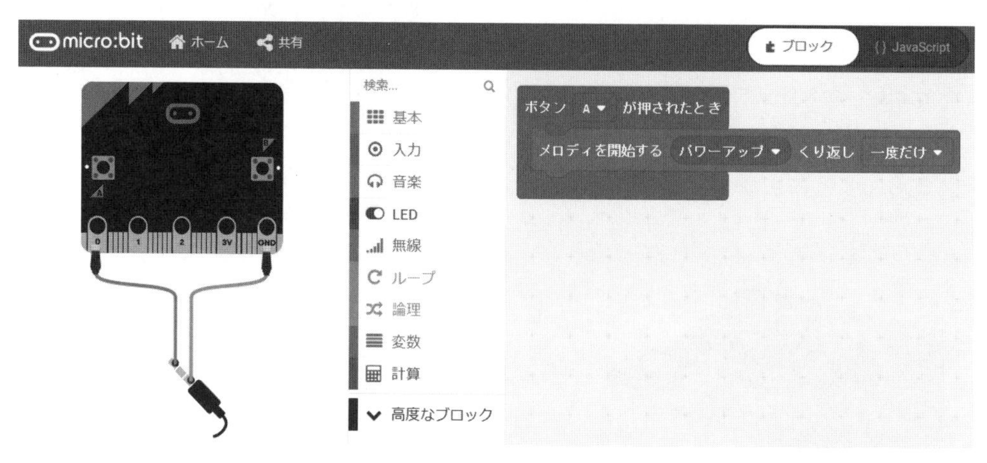

図 3.10　シミュレータ画面

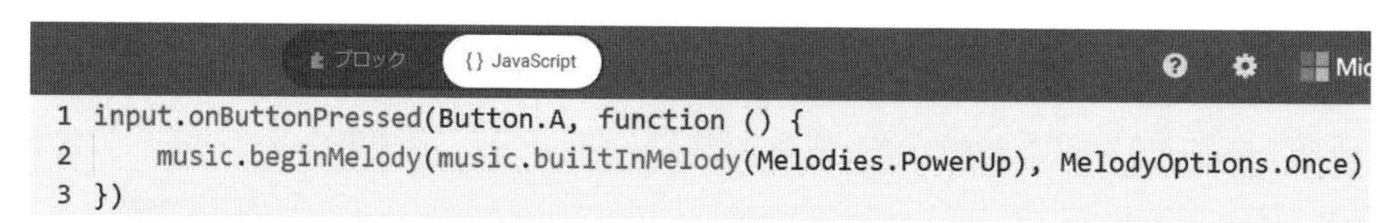

```
1 input.onButtonPressed(Button.A, function () {
2     music.beginMelody(music.builtInMelody(Melodies.PowerUp), MelodyOptions.Once)
3 })
```

図 3.11　JavaScript プログラム

〈手順〉

1）「入力」から「ボタンAが押されたとき」ブロックを選択する。

2）「音楽」から「メロディを開始する」ブロックを選択する。

3）「ダダダム▽」をクリックして，あらかじめ入ってあるメロディの中から，好きな曲を選択する。

練習 3-4 ボタンAを押したとき好きなメロディ1が，ボタンBを押したとき好きなメロディ2が，鳴るように，押すボタンでメロディを切り替えるプログラムを作ってみよう（**図 3.12**）。

ren3-4

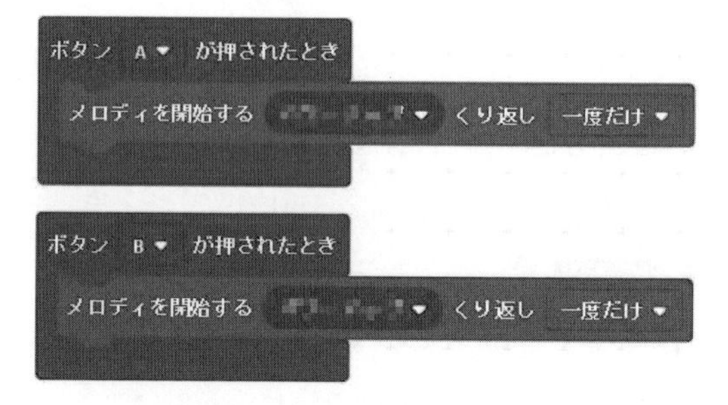

図 3.12　メロディ（ボタンで選択）

3.3 傾きセンサを使った計測・制御

ここでは，傾きセンサの取扱いについて学ぶ。

【例題 3-4】 傾きセンサを使って，左に傾いたときに「ド」を，右に傾いたときに「レ」を鳴らし，それ以外のときは音を止めるハンドベルを作ってみよう（**図 3.13**，**図 3.14**）。 rei3-4

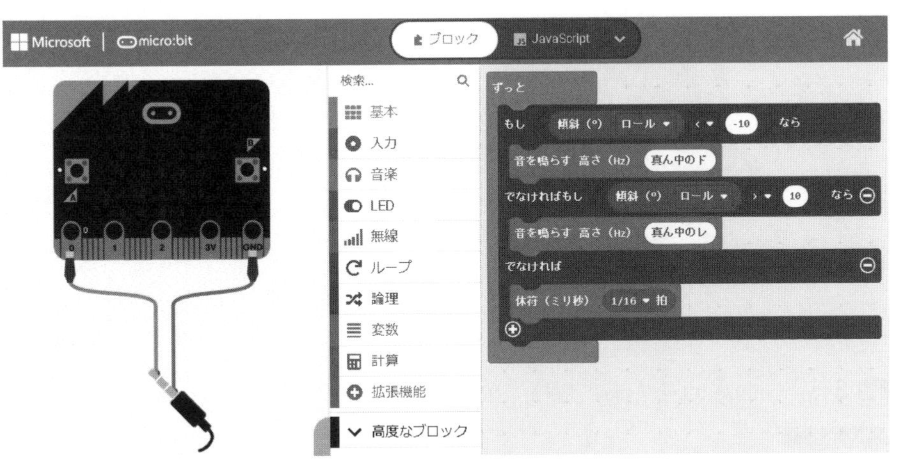

図 3.13　シミュレータ画面

```
1  basic.forever(function () {
2      if (input.rotation(Rotation.Roll) < -10) {
3          music.ringTone(262)
4      } else if (input.rotation(Rotation.Roll) > 10) {
5          music.ringTone(294)
6      } else {
7          music.rest(music.beat(BeatFraction.Sixteenth))
8      }
9  })
```

図 3.14　JavaScript プログラム

〈手順〉

1）「論理」から「もし真なら」ブロックを選択する。

2）「論理」から「不等号」ブロックを選択する。

3）「入力」から「傾斜」ブロックを選択する。

4）「傾斜」ブロック内の「ピッチ」を「ロール」に変更し，「−10 度より小さい」に設定する。

5）「音楽」から「音を鳴らす」ブロックを選択し，「真ん中のド」に変更する。
6）「論理」から「else if」を追加し，10度より大きい場合に「レ」を鳴らす。
7）それ以外のときは，音を停止するために，「音楽」から「休符」を選択し，長さを最短の1/16にする。

〈**ピッチとロール**〉

傾きには，**図3.15**に示すように，**ピッチ**と**ロール**がある。今回はロールを使う。

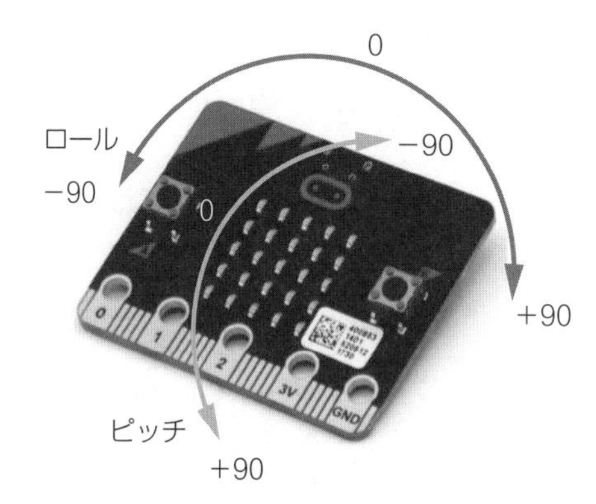

図3.15　ピッチとロール

練習3-5　micro:bitを左右に傾け，傾きに応じてテルミン†のように音を鳴らしてみよう。 ren3-5

〈**手順**〉

1）「ずっと」ブロックの中に，「音楽」から「音を鳴らす　高さ　真ん中のド」を入れる。
2）「計算」から掛け算のブロックを選択し，「2 ×傾斜のロール」にする。
3）さらに，足し算のブロックを追加して，「262」を加える。
4）「真ん中のド」の中にその計算式を入れる（**図3.16**）。

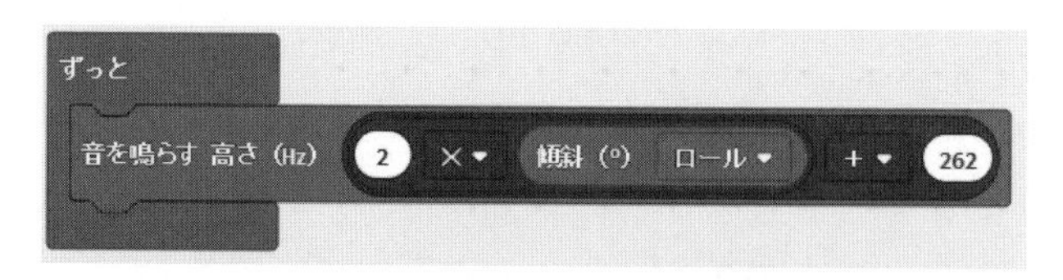

図3.16　音を鳴らす（テルミン）

〈**計算式の意味**〉

センサのロールのとる値は−180から＋180までであり，水平時には0になる。そこで，水平（値が0）のときにドである262 Hzを鳴らすために，「2 ×ロールの値＋ 262 」の計算をして，その数値の音を鳴らせばよいことになる。計算結果が負の場合は，音は出ない。

† 1919年にロシアの発明家レフ・セルゲーエヴィチ・テルミンが発明した世界初の電子楽器である。

3.4 地磁気センサを使った計測・制御

📖 ここでは，地磁気センサの取扱いについて学ぶ。

〈地磁気センサの値と初期設定〉

地磁気センサの値は，**図 3.17** のように時計回りに 0 から 359 までの整数が出力され，数値は角度を示し，0 は北を示す。地磁気センサを実機で動かす場合は，最初に初期設定を行う必要がある。LED に「TILT TO FILL SCREEN（画面を埋めよ）」とメッセージが出るので，micro:bit を回転させて，**図 3.18** に示すように，すべての LED を点灯させる。

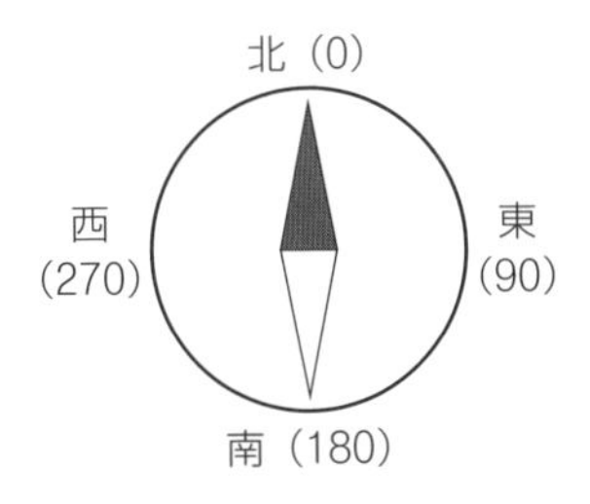

図 3.17　地磁気センサの値

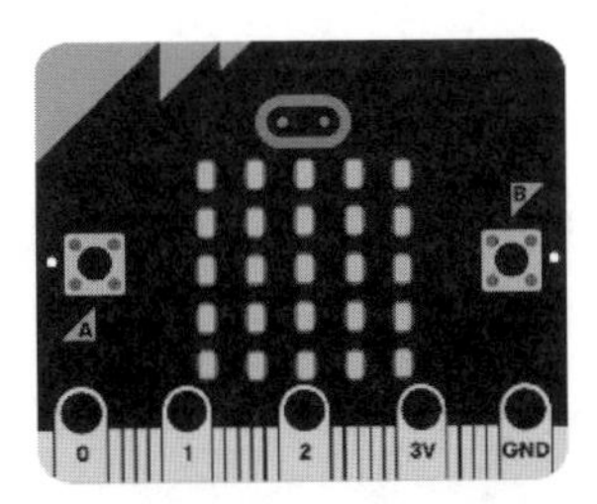

図 3.18　初期設定画面

【例題 3-5】　地磁気センサを使って，micro:bit が北西から北東に向いたときに N を表示するようにしてみよう。 rei3-5

作成するプログラムは，「角度」という変数を定義し，角度が 45 度より小さいときと 315 度より大きいときに N を表示し，それ以外は表示を消すようにする（**図 3.19**，**図 3.20**）。

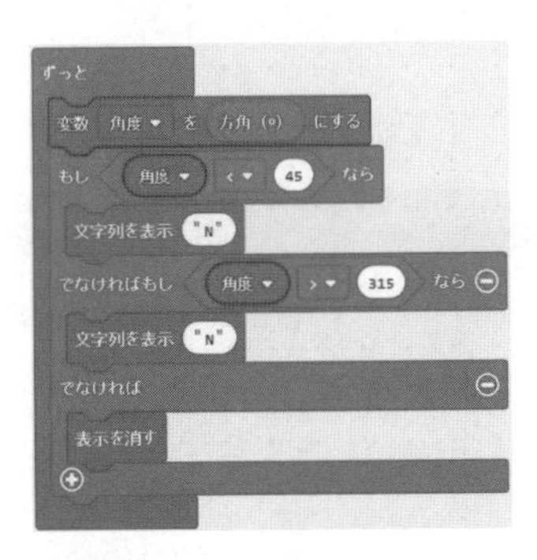

図 3.19　ブロックプログラム

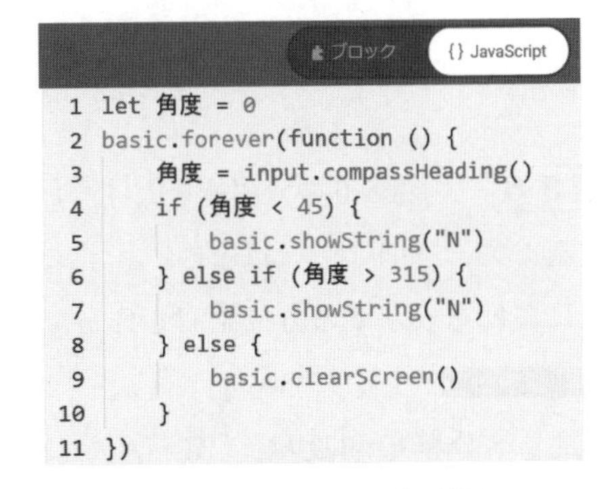

図 3.20　JavaScript プログラム

〈手順〉

1）「変数」から「変数を追加する」ブロックを選択し，変数「角度」を定義する。

2）「入力」から「方角（°）」ブロックを選択する。

3）「変数」から「変数を 0 にする」で，変数を「角度」に，0 を「方角」に変更する。

4）「論理」ブロックで「角度が 45 度より小さい」を作成する。
5）「論理」ブロックで「角度が 45 度より小さい」場合に，文字列「N」を表示する。
6）「論理」ブロックで「角度が 315 度より大きい」場合に，文字列「N」を表示する。
7）そうでなければ，表示を消す。

【例題 3-6】 地磁気センサ出力の数値を利用して，**図 3.21** のように角度を 4 分割して，矢印がつねに北を示すよう LED 上に矢印を表示する方位磁石を作ってみよう（**図 3.22**，**図 3.23**）。 rei3-6

- 地磁気センサが 45 度より小さいときに上矢印（↑）
- 45 度より大きく 135 度より小さいときに左矢印（←）
- 135 度より大きく 225 度より小さいときに下矢印（↓）
- 225 度より大きく 315 度より小さいときに右矢印（→）
- 315 度以上は上矢印（↑）

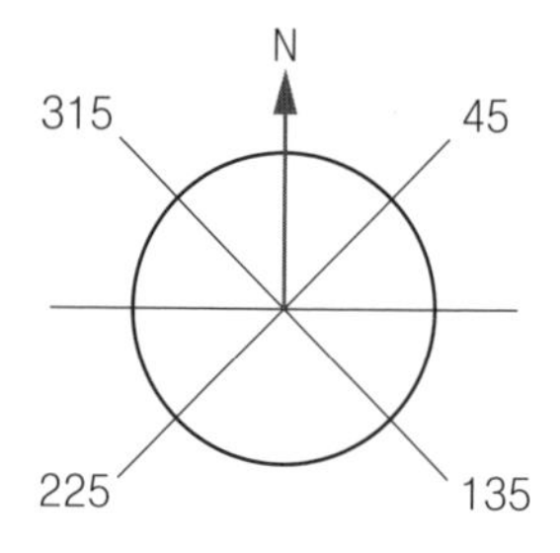

図 3.21　方位磁石

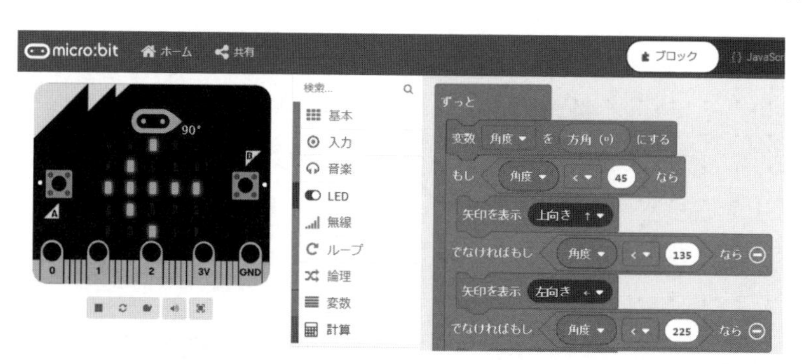

図 3.22　シミュレータ画面

練習 3-6　例題 3-6 の分解能を上げ，角度を 8 分割して，矢印がつねに北を示すよう LED 上に矢印を表示する方位磁石を作ってみよう。 ren3-6

ただし，8 分割の角度は，「23，68，113，158，203，248，293，338」とする。

```
1 let 角度 = 0
2 basic.forever(function () {
3     角度 = input.compassHeading()
4     if (角度 < 45) {
5         basic.showArrow(ArrowNames.North)
6     } else if (角度 < 135) {
7         basic.showArrow(ArrowNames.West)
8     } else if (角度 < 225) {
9         basic.showArrow(ArrowNames.South)
10    } else if (角度 < 315) {
11        basic.showArrow(ArrowNames.East)
12    } else {
13        basic.showArrow(ArrowNames.North)
14    }
15 })
```

図 3.23　JavaScript プログラム

3.5 光センサを使った計測・制御

ここでは，光センサを使った電球の制御について学ぶ。

3Vの電池を使って電球をON/OFFするには**図3.24**（a）のように接続する。そして，100Vの電球を3Vの電池でON/OFFするには図（b）のように**リレー回路**を使う。

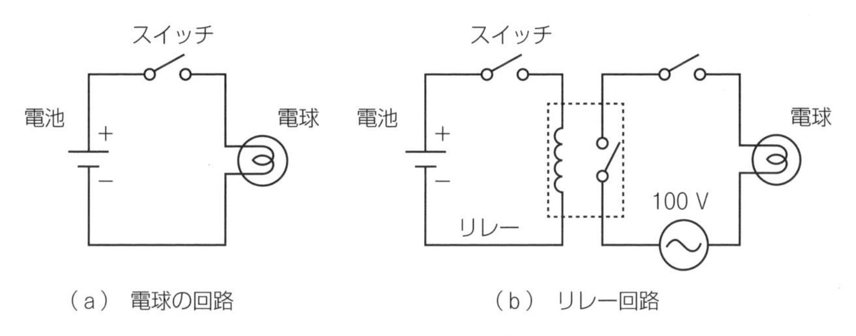

（a） 電球の回路　　（b） リレー回路

図3.24 電球の接続

ここでは，micro:bitを使って，100Vの電球を制御してみる。リレーは**SSR**（solid state relay）を使う。SSRの入力側については，＋と－の区別があり，正しく直流の電圧をかける必要がある。出力側は100Vの交流のため極性はない。

図3.25は，micro:bitとSSRならびに電球の接続の様子である。

図3.25 電球との接続

〈制御方法〉

micro:bitの下端の三つの端子（P0，P1，P2）はプログラムで制御できる。

「高度なブロック」の「入出力端子」の「デジタルで出力する」を選んで

デジタル出力（ON）：　デジタルで出力する 端子 P0 ▾ 値 1

とすると，端子P0に＋3Vの電圧が出る。そのP0端子をSSRの＋側に，GNDをSSRの－側に接続するとSSRに電流が流れ，出力側がONになる。

デジタル出力（OFF）：　デジタルで出力する 端子 P0 ▾ 値 0

とすると，端子P0が0Vになり，接続しているSSRに電流が流れなくなり，出力側がOFFになる。P1，P2も同様に利用できる。

【例題 3-7】 micro:bit の光センサと 100 V の電球を使って，明るいときは消灯し，暗くなったときに点灯する常夜灯を作ってみよう（**図 3.26**，**図 3.27**）。 rei3-7

図 3.26　シミュレータ画面

ブロック　{} JavaScript

```
1 basic.forever(function () {
2     if (input.lightLevel() < 1) {
3         pins.digitalWritePin(DigitalPin.P0, 1)
4     } else {
5         pins.digitalWritePin(DigitalPin.P0, 0)
6     }
7 })
```

図 3.27　JavaScript プログラム

〈手順〉

1）「論理」から「もし～なら～でなければ」ブロックを選択する。

2）「論理」から「くらべる」ブロックで不等式を選択する。

3）「入力」から「明るさ」ブロックを選択する。

4）現在の場所での明るさの数値を入力する。

⚠**注意**：現在の場所の明るさの数値は，環境によって大きく変わる。

5）「高度なブロック」の「入出力端子」から「デジタルで出力する」を選択する。

6）暗くなったら，端子 P0 を「1」に，そうでなければ，端子 P0 を「0」に設定する。

実際には，例題 3-1 のプログラムを使って明るさの値を LED に表示させ，実験場所での明るさを調べ，明るさの値がわかったら，その値を使ってプログラムを作成する。

―― 演 習 問 題 ――

【3-1】 傾きセンサのロールとピッチの二つを測定し，LEDに傾きを表示する二次元水準器のプログラムを確かめてみよう。 ens3-1

〈**プログラムの考え方**〉

micro:bitのLEDスクリーンは5×5の二次元座標で，その値は0から4となっており，横軸がX，縦軸がYで，中央は座標で（2, 2）である。「点灯X, Y」とすると，LEDのX, Y座標のLEDが点灯する（**図3.28**）。

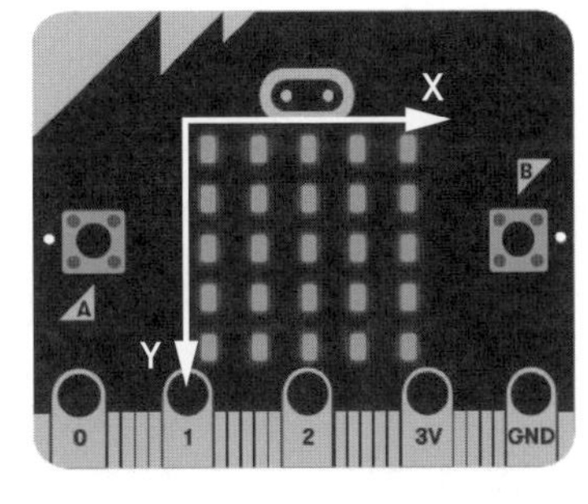

図3.28 二次元水準器表示

一方，micro:bitの傾きセンサは，ロール（横）とピッチ（縦）の傾きを同時に測ることができ，その値はともに－180から180の値を示す。

そこで，つぎのように数値を変換することが必要である。

X = INT（ロールの値 /10）+ 2

Y = INT（ピッチの値 /10）+ 2　　　※INTは整数化する関数

プログラムでは，calcという関数を定義し，valueに傾きセンサの数値を入れて関数を呼ぶとansに値が計算される。4以上の数値になったときは「4」に，0以下の数値になったときは「0」にする（**図3.29**）。

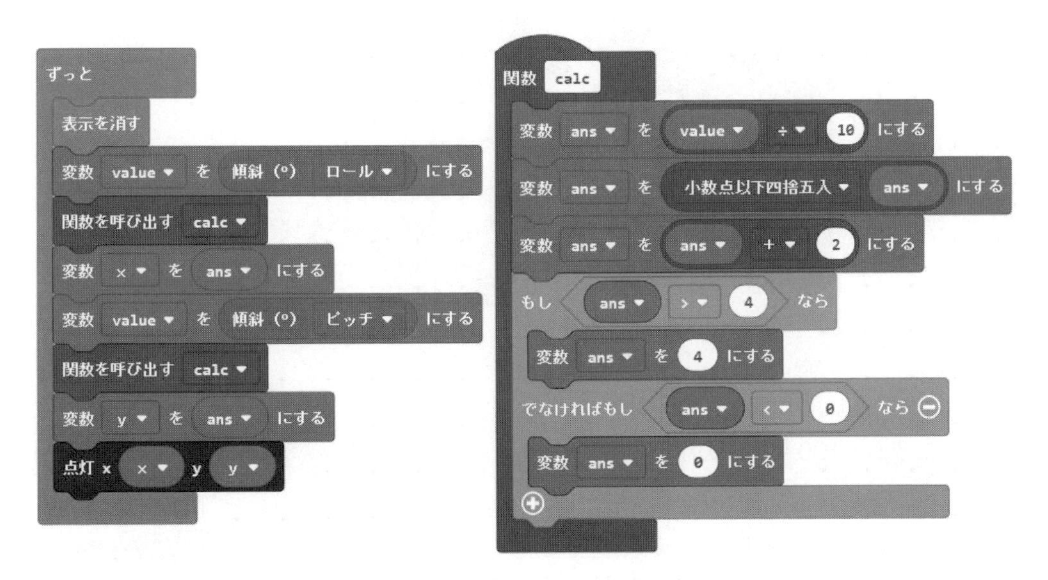

図3.29 ブロックのプログラム

【3-2】 A スイッチを一度押すと LED がすべて点灯し，再度押すと LED がすべて消灯するプログラムを確かめてみよう。 ens3-2

〈プログラムの考え方〉

図 3.30 の状態遷移図を使って説明する。ここでは変数 s を使い，s=0 なら消灯，s=1 なら点灯とする。

まず，初期設定で，s=0 とする。これは，安全のため電源を OFF にするというフェイルセイフの考え方である。

s=0 のときにボタン A を押すと，s=1 になる。

また，s=1 のときにボタン A を押すと，s=0 にする。そして，s の状態を調べ，s が 0 なら「表示を消し」，s が 1 なら「すべての LED を表示」する（**図 3.31**）。

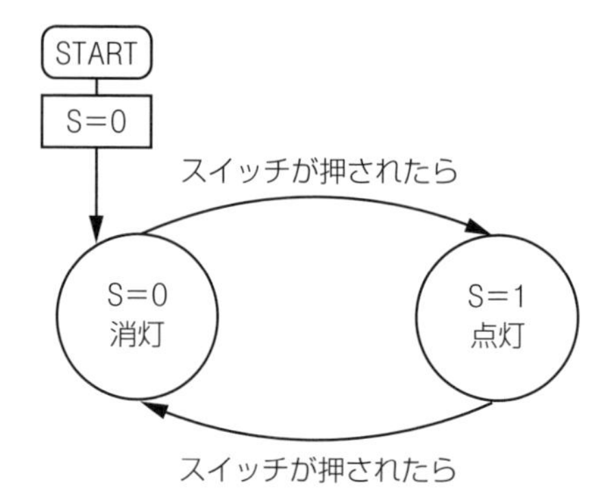

図 3.30　状態遷移図
（点灯・消灯スイッチ）

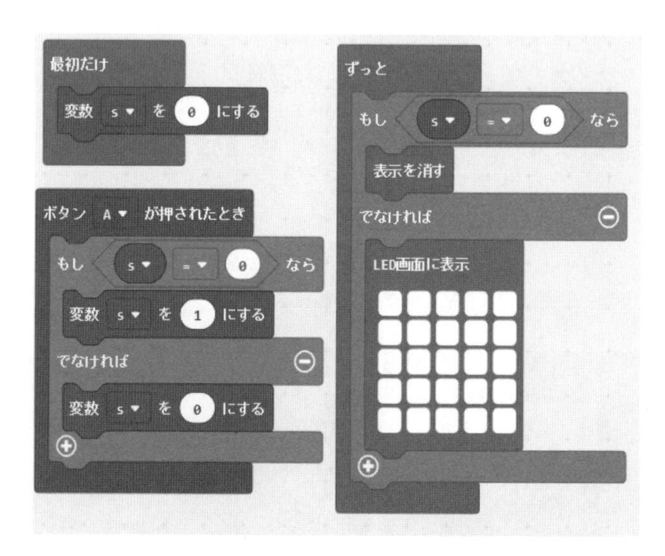

図 3.31　ブロックのプログラム

コラム：100 V 電球の制御

「ずっと」のブロックの「表示を消す」と「LED 画面に表示」ブロックを「デジタルで出力する」に変えると**図 3.32** の SSR を搭載した 100 V の電球を micro:bit のボタン A で，ON/OFF できる。

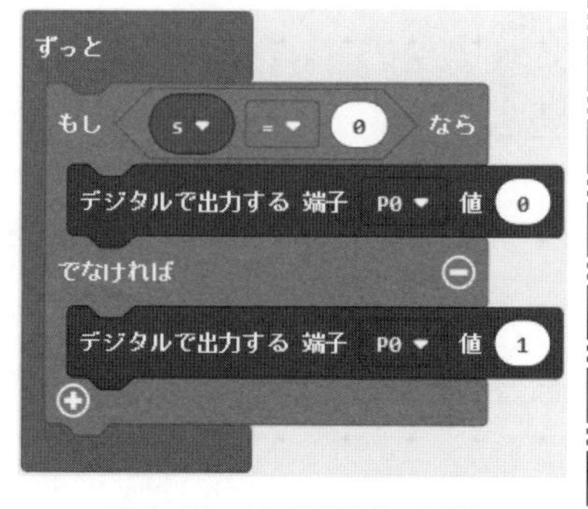

図 3.32　100 V 電球の制御

4. 無線通信を利用したプログラム

4.1 無線通信の利用

📖ここでは，無線通信（Bluetooth）について学び，ゲームや信号機の制御に利用する。

【例題 4-1】 じゃんけんのプログラムで，無線で対戦できるようにするため，まず，無線の設定例を考えてみよう。ボタンAを押して文字列「hello」を送信し，相手が受信したとき文字列を表示するプログラムを作成する（**図 4.1**）。 rei4-1

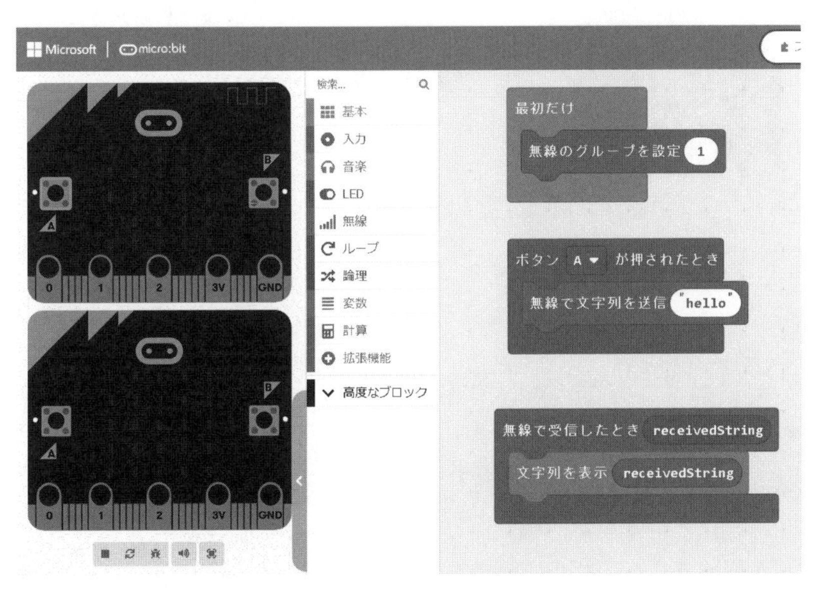

図 4.1 シミュレータ画面

〈手順〉

1）「最初だけ」ブロックに，無線から「無線のグループを設定」ブロックを選択する。

2）「入力」から「ボタンAが押されたとき」ブロックを選択し，無線から「無線で文字列を送信」ブロックで文字列“hello”を設定しておく。

3）「無線」から「無線で受信したとき（receivedString）」ブロックを選択する。

4）「基本」から「文字列を表示」ブロックを選択し，「無線で受信したとき」のブロックに入れる。

5）receivedStringを，「文字列を表示」の“hello”にドラッグして入れ替える。

【例題 4-2】 例題 2-3 の数あてゲームを 2 台の micro:bit で行ってみよう。ボタン A を押したとき「0～2」の乱数を発生させる。ボタン B を押したとき無線で送信し，あっていれば「♥」のアイコン，間違っていれば，「×」のアイコンを表示する（**図 4.2**）。

rei4-2

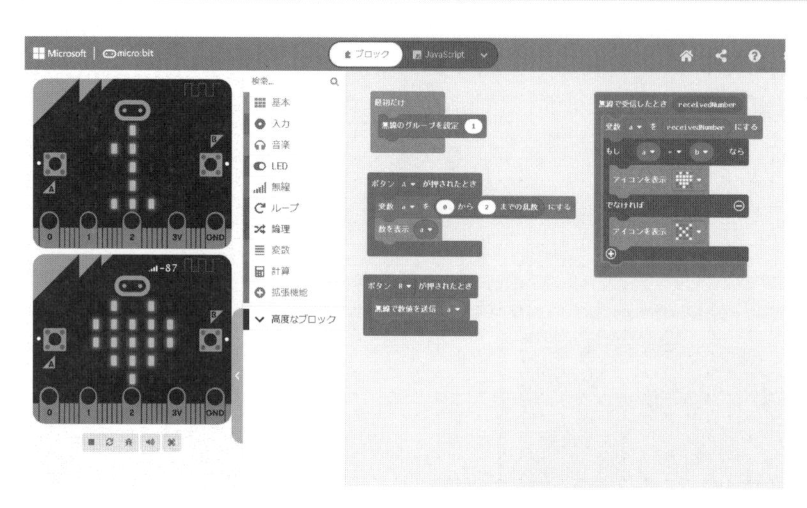

図 4.2　シミュレータ画面

〈手順〉

1） 「最初だけ」ブロックを選択し，無線グループを「1」にしておく。

2） 「入力」から「ボタン A が押されたとき」ブロックを選択し，変数「a」を「0 から 2 までの乱数」に設定する（**図 4.3**）。

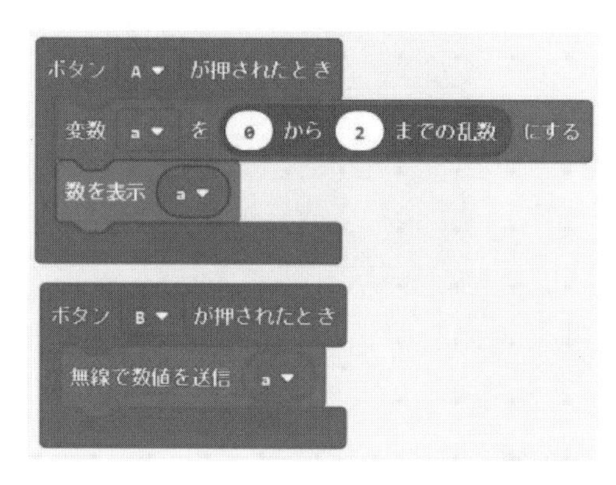

図 4.3　入力ブロック（ボタン A，ボタン B）

3） 「無線」から「無線で受信したとき（receivedNumber）」ブロックを選択し，変数「b」を設定しておく。

4） 「入力」から「ボタン B が押されたとき」ブロックを選択し，「無線で数値を送信」で「a」に設定する。

5） また，「無線で受信したとき」ブロックで「b」を設定し，「a」と「b」があっていれば「♥」のアイコン，間違っていれば，「×」のアイコンを表示する（**図 4.4**）。

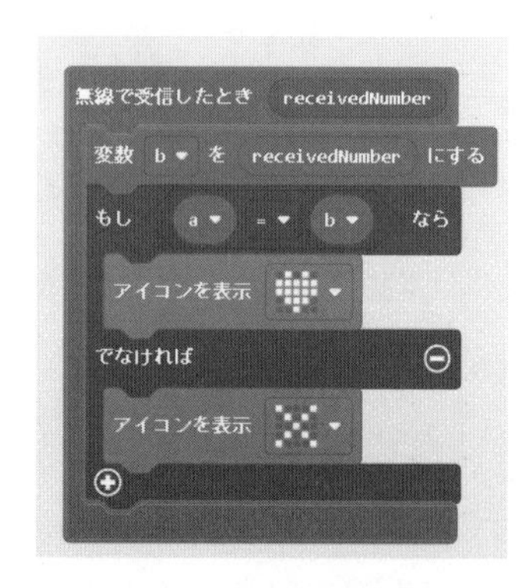

図 4.4　無線で数値を受信

4.2 無線通信を利用したじゃんけんゲーム

ここでは，無線通信をじゃんけんゲームに応用する。

【例題 4-3】 例題 2-1，例題 2-2 のじゃんけんゲームのプログラムを対戦できるように，変更してみよう。

ボタン A が押されたときは自分の出したアイコン（グー，チョキ，パー）を表示し，ボタン B が押されたときは，無線通信で，グー，チョキ，パーの数値（0，1，2）を送って，判定結果をアイコンで表示するようにしよう。

なお，勝ったときは，「うれしい顔」のアイコン，負けたときは，「かなしい顔」のアイコンを表示する（**図 4.5**）。 rei4-3

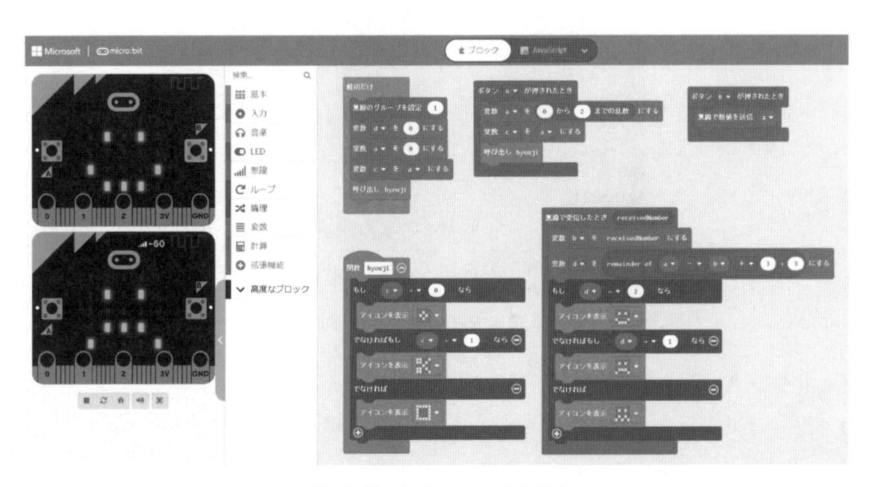

図 4.5　シミュレータ画面

〈手順〉

1）「無線」から「無線のグループを設定」を選択し，グループを「1」にする。

2）変数「d」（判定式に使用），変数「a」（最初はグーの値）を「0」に設定する。

3）変数「c」に，「a」の値を設定する。

4）関数 hyouji を呼び出し，最初は，つねにグーの値「0」を表示する（**図 4.6**）。

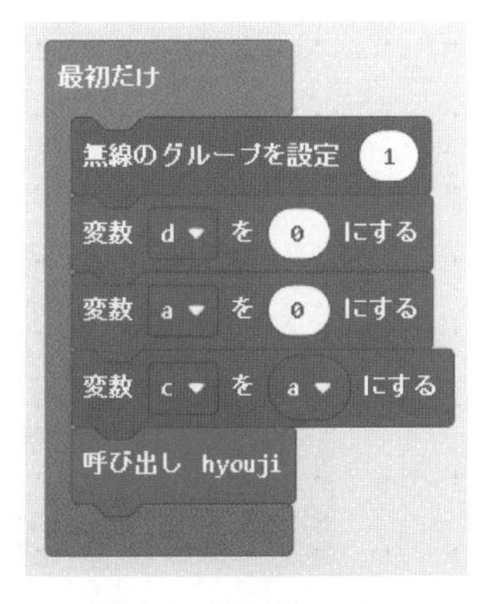

図 4.6　無線グループ，変数の初期設定

〈**手順（関数 hyouji）**〉

例題 2-1 の〈手順（関数 hyouji）〉に同じ。以下，簡単に表示する。

1）「論理」から「if ～ else」ブロック選択し，「if ～ else if ～ else」ブロックにする。

2）「論理」から「0 = 0」を選択して，「c = 0」とする。

3）同様に，「論理」から「0 = 0」を選択して，「c = 1」とする。

4）「基本」から「アイコンを表示」を選択し，「小さいダイアモンド」「はさみ」「しかく」として，それぞれの場所に置く（**図 4.7**）。

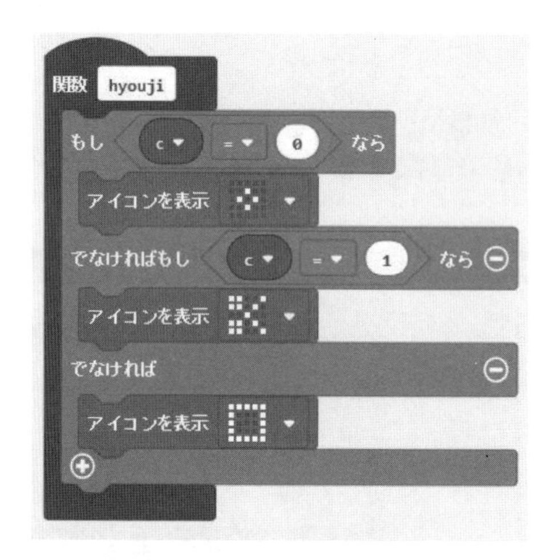

図 4.7　アイコン表示の関数

〈**手順（ボタン A，B）**〉

1）「入力」から「ボタン A を押されたとき」ブロックを二つ選択して，ボタンを A，B に設定にする（**図 4.8**）。

2）ボタン A では，変数「a」を「0 から 2 までの乱数」に設定し，変数「a」の値を「c」に入れる。

3）関数 hyouji を呼び出し，グー（0），チョキ（1），パー（2）を表示する。

4）ボタン B では，「無線で数値を送信」ブロックを選択し，変数「a」に設定しておく。

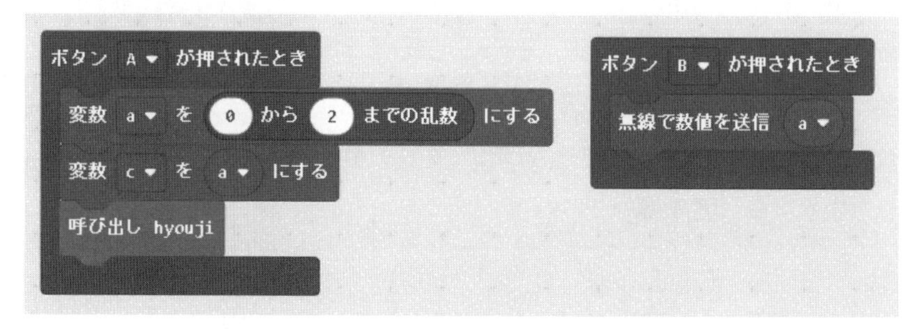

図 4.8　入力ブロック（ボタン A，ボタン B）

〈**手順　（ボタンBを押し，無線送信したとき）**〉

1）「無線」から「無線で受信したとき」ブロックを選択する（**図4.9**）。

以下は，例題2-2の〈手順（ボタンA+B）〉に同じ。簡単に記述する。

2）「変数」から「変数」ブロックを選択し，変数「a」「b」を作成する。

3）「変数」から「変数を0にする」ブロックを選択し，変数「d」に変更しておく。

4）「計算」から「0 - 0」ブロックを選択し,「a - b + 3」を3で割った余りの式を作成する。

5）「論理」から「0 = 0」ブロックを選択し，「d = 2」を作成する。

6）「論理」から「if ～ else ～」ブロックを「if ～ else if ～ else ～」ブロックにする。

7）「論理」から「または」ブロックを選択し，「if」ブロックに，「d = 2」の式を重ねる。

8）「論理」から「または」ブロックを選択し，「else if」に「d = 1」の式を重ねる。

9）「if ～ else if ～ else ～」ブロックを完成させる。

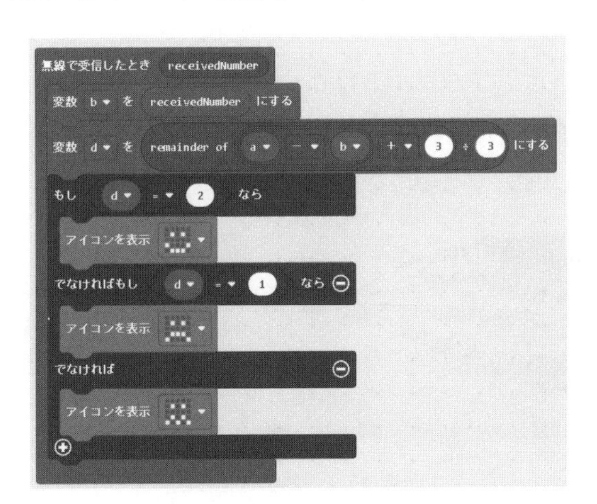

図4.9　無線で受信

練習 4-1　無線グループの設定を同時に2人以上（複数グループ）のグループで行う場合は，2台ずつグループの番号を変えて実行できることを確かめておこう。

⚠**注意**：複数のグループが近づいて座っていると，隣のグループの送信データを受信してしまうことがある。このような場合，グループごとに無線（Bluetooth）のグループ番号（1～255）を設定し，誤ってほかのグループのデータを受信しないようにしておこう。

4.3 信号機の制御

📖ここでは，信号機の制御について学ぶ。

まず，micro:bit と信号機を**図 4.10** のように接続する。

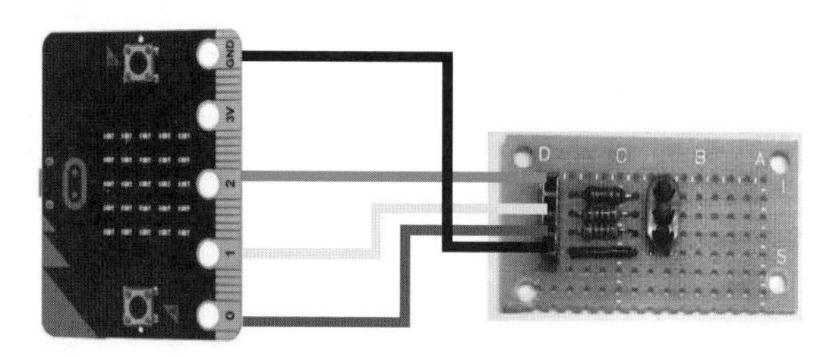

この信号機は，LED で自作したものであるが，市販品†もある。

図 4.10　micro:bit と信号機の接続

このように接続すると，P0 端子が赤 LED，P1 端子が黄 LED，P2 端子が緑 LED と接続していることになる。そして，デジタル出力で 1 を書き込むと，各端子に＋3 V が出力されて，回路に電流が流れて LED が点灯する。

まず，信号機をジャンパーワイヤで接続する（**図 4.11**）。

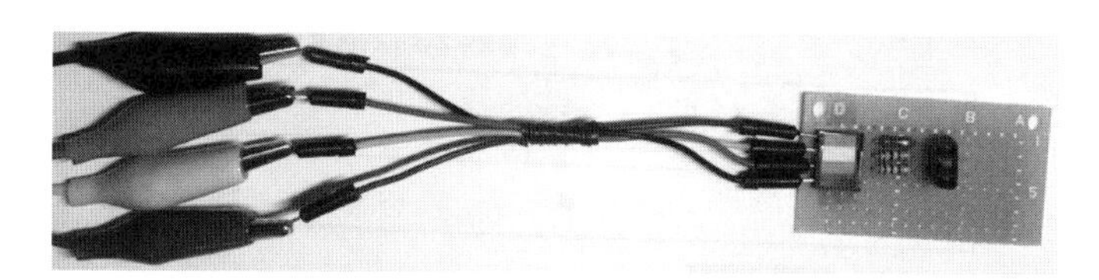

間違えないように，緑，黄，赤，黒を合わせて接続する。

図 4.11　信号機との接続

つぎに，micro:bit に「みのむしクリップ」で接続する（**図 4.12**）。

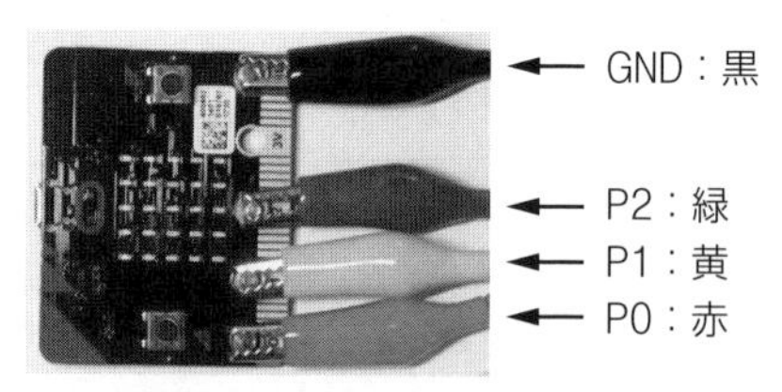

配線がショートしないように，
注意して机の上に置く。

図 4.12　micro:bit との接続

† Kitronik STOP:bit 交通信号機（micro:bit 用）
https://www.robotshop.com/jp/ja/kitronik-stopbit-traffic-light-microbit.html

〈**制御方法**〉

micro:bit の端子は，つぎのプログラムで制御できる。

「高度なブロック」の「入出力端子」の「デジタルで出力する」を使って，値を「1」にすると，端子 P0 に +3 V の電圧が出る。その P0 端子に LED が接続されていると，回路に電流が流れ，LED が点灯する。値を「0」に設定すると，端子 P0 が 0 V になり，回路に電流が流れなくなり，LED が消灯する。

【例題 4-4】 緑，黄，赤の LED を，5 秒，1 秒，4 秒と順に点灯させる信号機のプログラムを作ってみよう（**図 4.13**）。 rei4-4

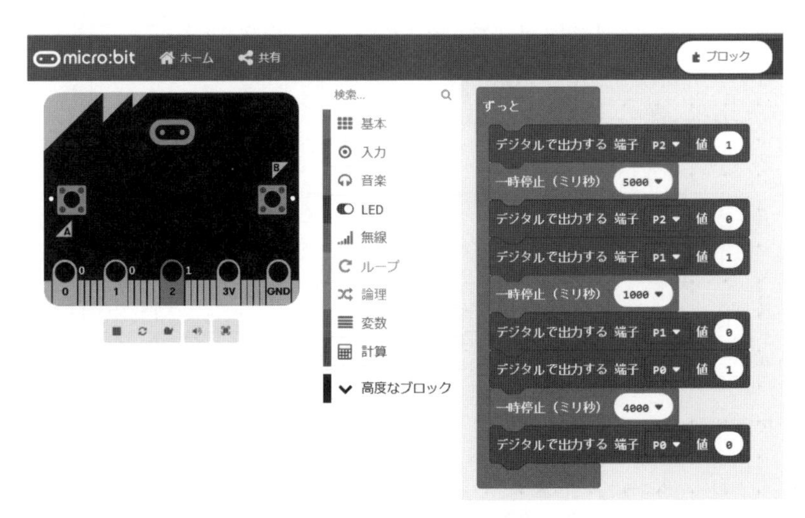

図 4.13　シミュレータ画面

LED の点灯の切替えのタイミングは，**図 4.14** のようになる。

緑	緑	緑	緑	緑	黄	赤	赤	赤	赤

図 4.14　タイミング図

〈**手順**〉

1）「高度なブロック」の「入出力端子」から，「デジタルで出力する」を選択する。

2）緑 LED を点灯するために，端子を P2 に，値を「1」に設定する。

3）「基本」から「一時停止」ブロックを選択する。

4）一時停止の時間を「5 000」（5 秒）に設定する。

5）「デジタルで出力する」ブロックを二つ複製し，緑 LED を消灯するために端子を P2，値を「0」に設定し，黄 LED を点灯するために端子を P1，値を「1」に設定する。

6）一時停止の時間を「1 000」(1 秒) に設定する。

7）同様に,「デジタルで出力する」ブロックを二つ複製し，黄 LED を消灯するために，P1 を「0」に設定し，赤 LED を点灯するために，端子を P0，値を「1」に設定する。

8）一時停止の時間を「4 000」(4 秒) に設定する。

9）ブロックを複製し，赤 LED を消灯するために，P0 の値を「0」に設定する。

練習 4-2　2 台の micro:bit を使って，隣の人と協力して**図 4.15** のような交差点の直交する二つの信号機のプログラムを作ってみよう。ren4-2-1，ren4-2-2

A さんの信号機は例題 4-4 のプログラムを参照することとして，衝突しないためにはもう一つの信号機をどうすればよいのかをタイミング図を書いて考えてみよう（**図 4.16**）。

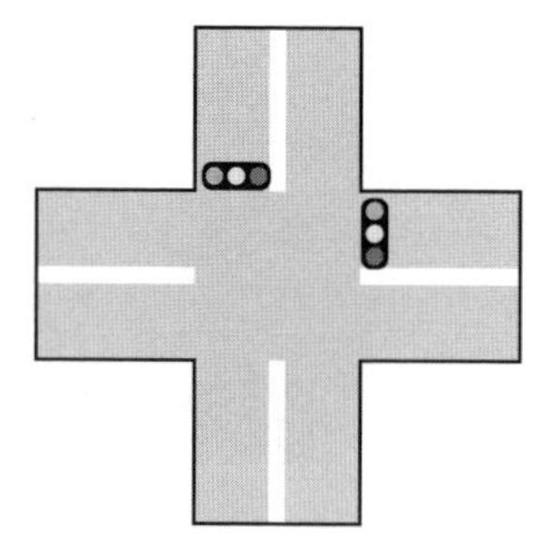

図 4.15　交差点

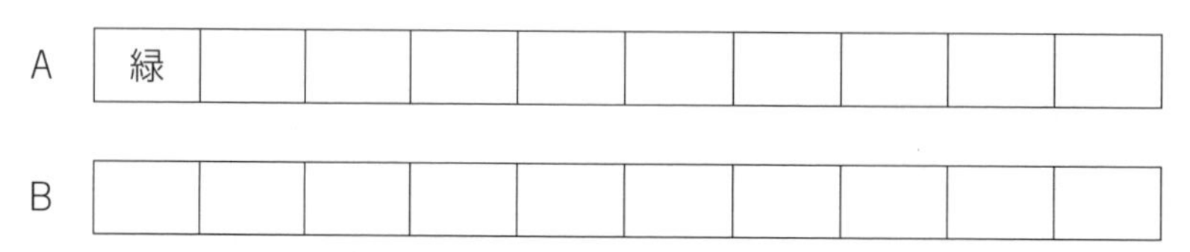

図 4.16　タイミング図

つぎに，B さんのプログラムを作って，実際に動かして確認してみよう（**表 4.1**）。

表 4.1　ブロックのプログラム

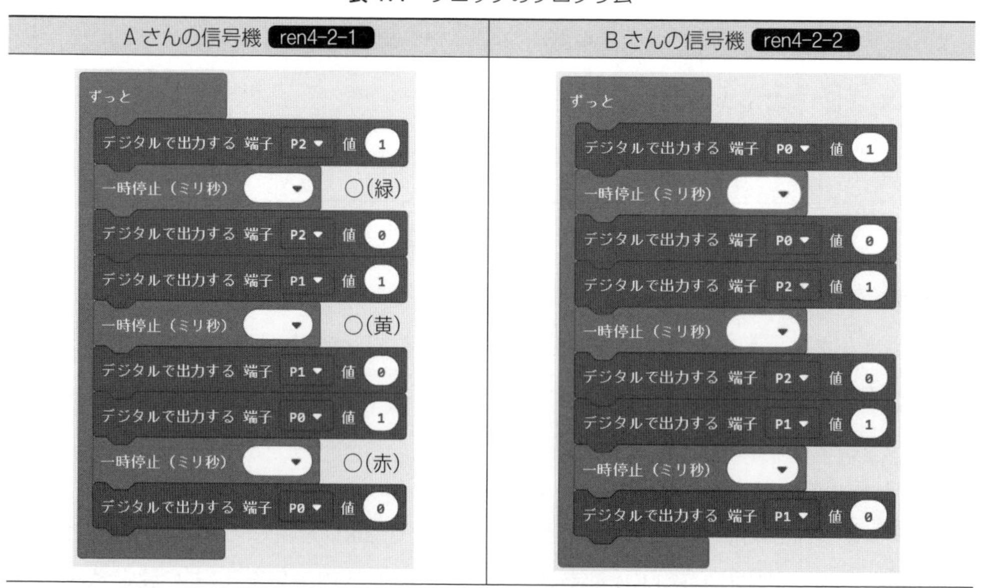

⚠**注意**：2 台同時に動かすには，リセットスイッチを押して同時に離す。

4.4 無線通信による信号機の制御

📖 ここでは，無線通信による信号機の制御について考える。

二つの信号機を手動で同時に正確に動かすのは難しいので，ここでは，micro:bit の無線通信の機能を使って，自動で信号機の制御を行ってみる（**図 4.17**）。

図 4.17　無線の機能

【例題 4-5】　例題 4-4 や練習 4-2 で作成したプログラムに無線の設定をして，自分の状態を送信し相手がそれを受信して同じ色の LED を表示させるための信号機（無線通信で制御する送信機）のプログラムを作成してみよう。なお，送信する数字は，緑は 2，黄色は 1，赤は 0 とする（**図 4.18**）。 rei4-5

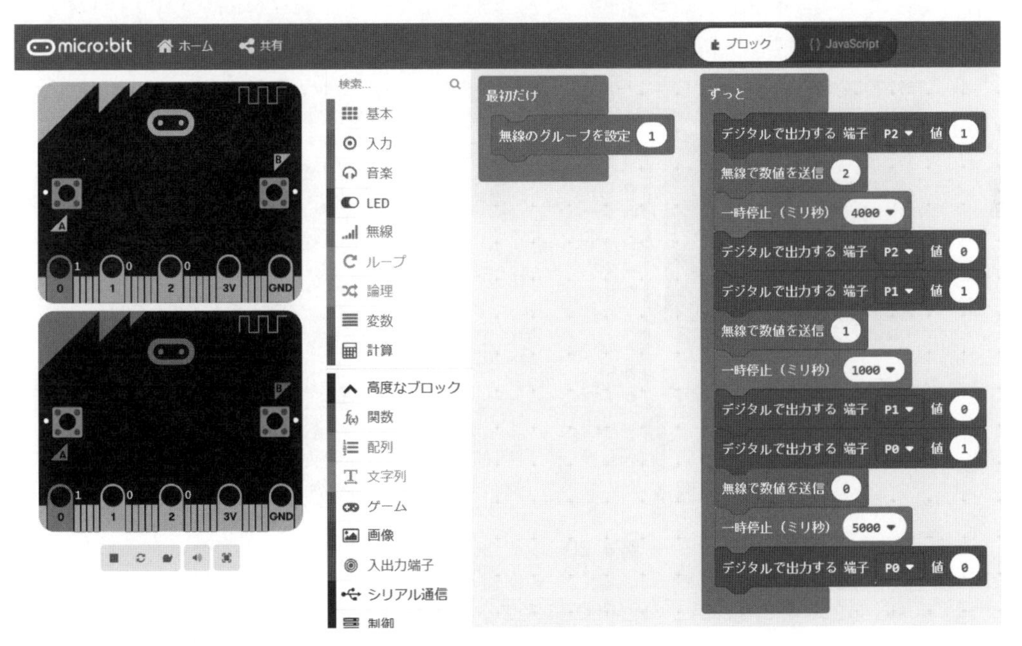

図 4.18　シミュレータ画面

〔1〕 送信機用信号機のプログラム

〈手順〉

1） 練習4-2のAさんのプログラムを読み込む。

2） 無線を使うので「最初だけ」のブロックに「無線」にある「無線のグループを設定」ブロックを入れて，グループを設定する。グループの値はほかのグループと異なる数字で，255までの任意の数字を設定する。

3） 「ずっと」ブロック中に，「無線」の中の「無線で数値を送信」のブロックを選択し，**図4.19**のように3か所に挿入する。

4） 送信する数値は，緑は「2」，黄色は「1」，赤は「0」とする。

図4.19 ブロックのプログラム

【例題4-6】 例題4-5に対応する無線通信で制御する受信機用信号機のプログラムを作ってみよう（**図4.20**）。 rei4-6

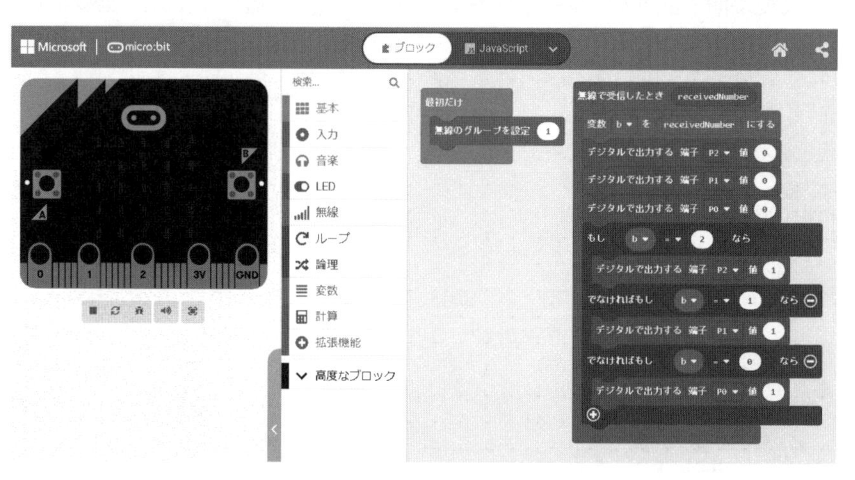

図4.20 シミュレータ画面

ここでは，送信用と同じ信号の色を点滅させるプログラムを作る。

〔2〕 受信機用信号機のプログラム

プログラムを示すと，**図 4.21** のようになる。

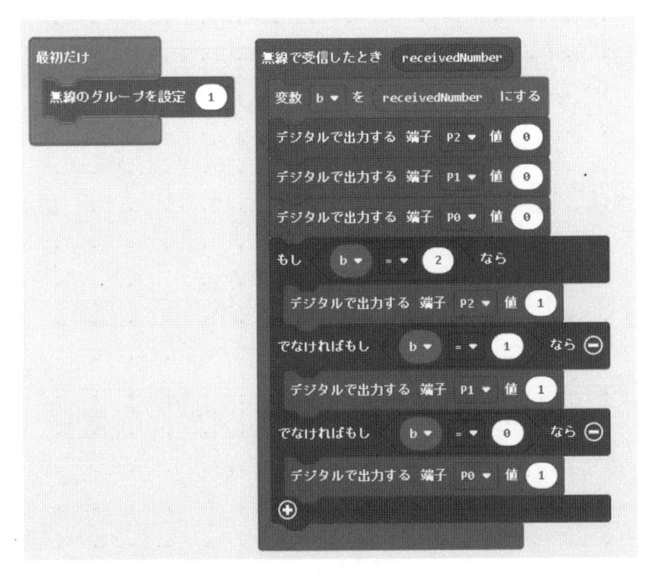

図 4.21　ブロックプログラム（受信用）

〈手順〉

1） 「最初だけ」のブロックに「無線」にある「無線のグループを設定」ブロックを選択し，グループを設定する。グループの値は送信と同じ数字にする。

2） 「無線」にある「無線で受信したとき（receivedNumber）」のブロックを選択する。

3） 「高度なブロック」にある「入出力端子」から「デジタルで出力する 端子」ブロックを選択し，二つ複製し，P2，P1，P0 ともに値を「0」にし，最初にすべての LED を消灯する。

4） その下に，「論理」から「もし真なら」ブロックを選択し，ブロックの中に入れる。そして，⊕を押して図 4.21 のように三つの値で分岐する論理ブロックを作成する。

5） 「論理」から「くらべる」ブロックで等号を選択し，「論理」ブロックに入れる。

6） 「変数」から「変数を追加する」で「b」を追加し，論理式の左に入れる。

7） この例題では，同じ色の LED を光らすので，「デジタルで出力する」ブロックを挿入して，「2」を受信したら P2 端子を「1」にして，緑の LED を点灯させる。

8） 同様に，「デジタルで出力する」ブロックを挿入して，「1」を受信したら P1 端子を「1」にし，黄の LED を点灯させる。

9） さらに，「デジタルで出力する」ブロックを挿入して，「0」を受信したら P0 端子を「1」にし，赤の LED を点灯させる。

練習 4-3　無線通信で異なる色を表示する信号機のタイミング図とメッセージングを考えてみよう。

無線の機能を使って**図 4.22** のように 2 台の送信機と受信機が交差点の隣（直角）の信号を表示するようにするためには，送信機からのメッセージ（数値）に応じて異なる色の信号を点灯させることになる。

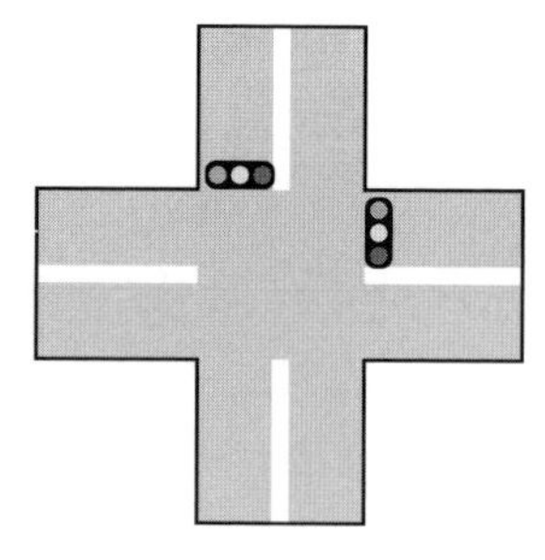

図 4.22　交差点

どうすればよいかを，**図 4.23** のタイミング図を使って考える。

緑	緑	緑	緑	黄	赤	赤	赤	赤	赤
①				②	③				④
赤	赤	赤	赤	赤	緑	緑	緑	緑	黄

図 4.23　タイミング図

図 4.23 に示すように，異なる四つの状態ができるので，送信側ではそれぞれのタイミングで ①，②，③，④のメッセージを送り，受信側ではそれを受信して受信機用信号機を点灯させるとよい。

図 4.23 のタイミング図から**表 4.2** を完成させよう。

表 4.2　送信側信号と受信側信号の関係

状態	送信側色	受信側色	時間〔秒〕
①			
②			
③			
④			

練習 4-4　2 台の micro:bit を使って，**図 4.24** のような交差点の隣（直角）の信号を表示する送信機のプログラムと受信機のプログラムを作ってみよう。 ren4-4-1 ， ren4-4-2

• 送信機のプログラムの考え方

送信用プログラムは基本的には，例題 4-6 と同じ考えで，練習 4-3 のタイミング図に基づいてプログラムを作成すればよいので，点灯する色を指定し，送信する数値とタイミングを合わせる。

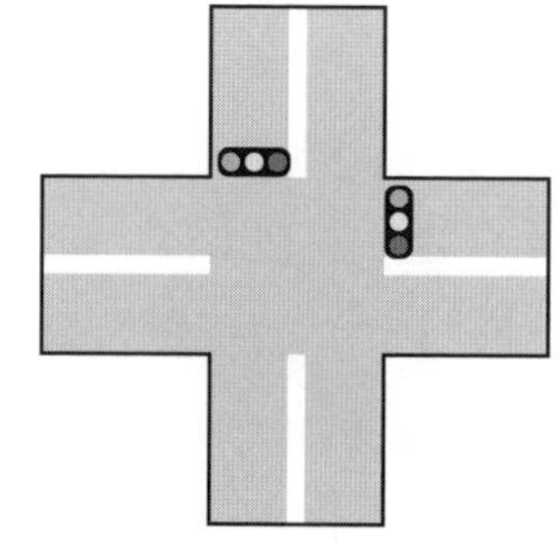

図 4.24　交差点

〈**手順**〉

最初に，無線のグループを設定し，すべてを消灯する。

つぎに，練習 4-3 の図 4.23 のタイミング図に基づいて，緑色を点灯させて「1」を送信して 4 秒待ち消灯し，黄色を点灯させて「2」を送信して 1 秒待ち消灯し，赤を点灯させて「3」を送信して 4 秒待ち，「4」を送信して 1 秒待ち消灯する，を繰り返せばよい（**図 4.25**）。

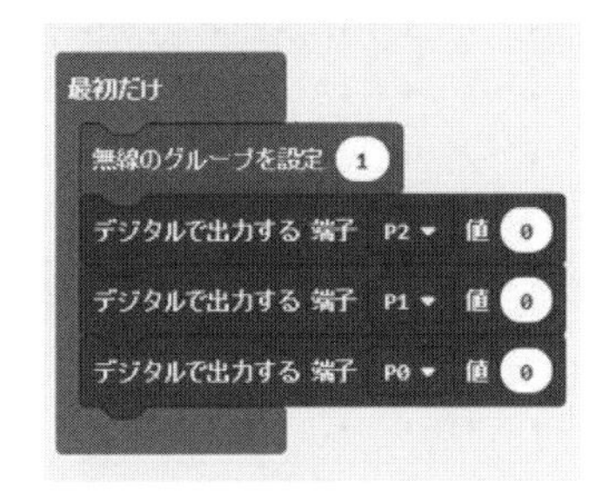

図 4.25 無線グループ，出力端子の初期設定

• **受信機のプログラムの考え方**

練習 4-3 のタイミングとメッセージを使って，送信機から送られてくる 1，2，3，4 の四つの数に合わせて信号機の色を決めて，点滅させればよい。なお，送信機から送られてきたメッセージのタイミングを使うため，受信側ではタイミングの設定はしない。

〈**手順**〉

最初に，無線のグループを設定する（**図 4.26**）。

送信機から「1」が送られてきたら，赤を点灯させればよいので P0 を「1」にし，「2」が送られてきたら，赤を点灯させればよいので P0 を「1」にし，「3」が送られてきたら，緑を点灯させればよいので P2 を「1」にし，「4」が送られてきたら，黄色を点灯させればよいので P1 を「1」にすればよい。

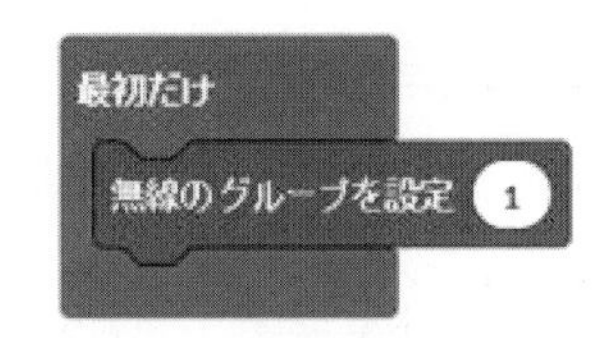

図 4.26 無線グループの初期設定

【例題 4-7】 2 台の micro:bit を使って無線通信で制御する信号機である車道用信号機と押しボタン式歩行者用信号機のプログラムを作ってみよう（**図 4.27**）。

〈**車道用信号機の手順**〉

1） 最初，車道用信号機は緑で歩行者用信号機は赤とする。

2） 歩行者が歩行者用信号機のボタンを押すと 1 が送られてくるので，それを受信して，車道用の緑の信号を 2 秒後に黄色にし，さらに 2 秒後に車道用の信号を赤にする。

3） 車道用信号機を赤にしたら，歩行者用信号機が緑になるように「1」を送信する。

4） 緑になって 4 秒後に，歩行者用信号機が赤になるように車道用信号機から「0」を送信し，その後車道用の信号を緑にする。

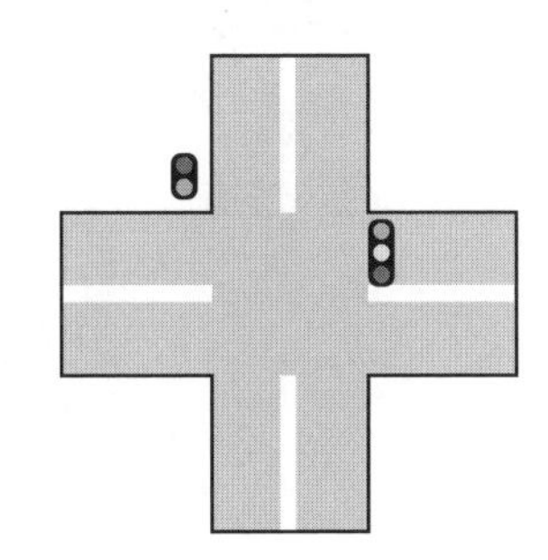

図 4.27 交差点

〈**車道用信号機のプログラム**〉 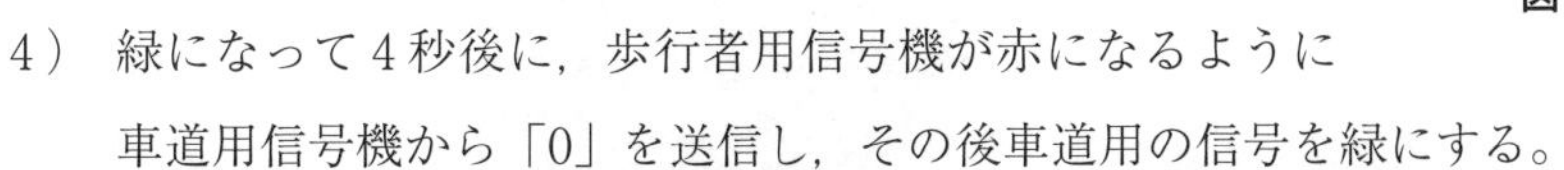

まず，最初に無線のグループを設定し，車道用信号機を緑にする。

つぎに，無線で数字を受信する。歩行者用信号機のボタン A が押されたら無線で数値「1」

が送られてくるので，数値「1」が送られてくるまで待つ。

つぎに，歩行者用信号機から「1」を受信したら，車道用信号機はしばらく緑のままで2秒待ってから黄にしてさらに2秒後に信号を赤にして，歩行者用信号機に「1」を送り，4秒間待って，無線で「0」を送り歩行者用信号機を赤にしてから，車道用信号機を緑にする（**図4.28**）。

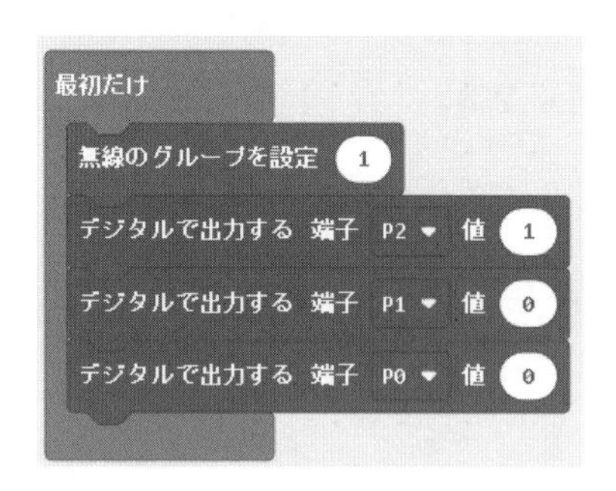

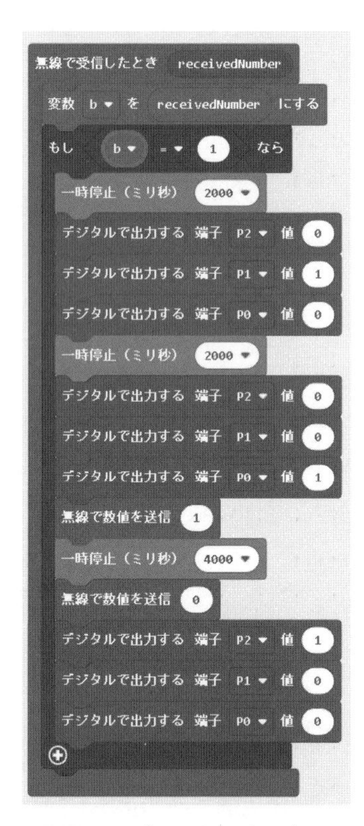

図4.28　ブロックのプログラム（車道用信号機）

〈歩行者用信号機の手順〉

1）　最初に，車道用信号機と同じ無線のグループを設定し，赤色を点灯させる。

2）　ボタンAが押されたら無線で数値「1」を送る。

3）　車道用信号機から無線で「1」が送られてきたら歩行者用信号機を緑のみ点灯する。無線で0（実際は「1」以外）が送られてきたら赤のみ点灯する。切り替えるタイミングは車道信号に任せる。

〈歩行者用信号機のプログラム〉 rei4-7-2

歩行者用信号機のプログラムを**図4.29**に示す。

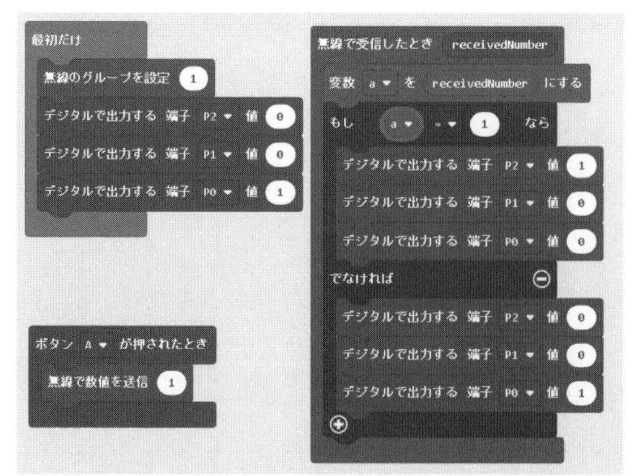

図4.29　ブロックのプログラム（歩行者用信号機）

——演 習 問 題——

【4-1】 例題4-7の車道用信号機と押しボタン式歩行者用信号機を使って，歩行者用信号機のボタンを押して歩行者用信号機が緑になったときにmicro:bitのLEDに「しかく」のアイコンを点灯させ，歩行者信号機が赤になったときにmicro:bitのLEDに「×」のアイコンを点灯させるように，歩行者信号機のプログラムを改良してみよう。 ens4-1

なお，車道用信号機のプログラムはそのままとする。

【4-2】 **図4.30**のように，車道用信号機2台と歩行者用信号機1台の3台を使って無線で動かすスクランブル交差点の信号機のプログラムを考えてみよう。

信号機Aは車用，信号機BはAと直角に配置されている車用，信号機Cは歩行者専用で赤と緑の二つとする。

信号機Aが無線ですべての信号の制御を行うものとする。

歩行者用信号機は緑と赤の二つなので，緑から赤になるときは緑を点滅させる。

まず，実際の信号機をよく見て，**図4.31**のタイミング図を完成させよう。

なお，実際のプログラムについての検討は，7.1節で行っている。

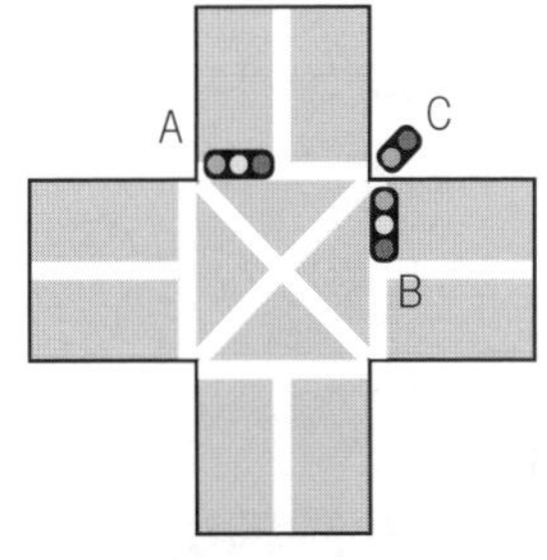

図4.30 交差点

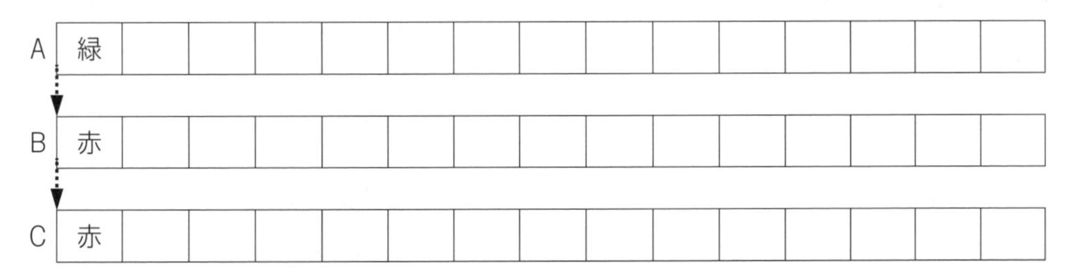

図4.31 スクランブル交差点のタイミング図

5. アルゴリズムとプログラム

5.1 探　　　　索

ここでは，データの探索について学ぶ。配列やリストに格納されているデータの中から，目的のデータを探し出すことを**探索**という。

〔1〕 逐 次 探 索

【例題 5-1】 探索の中で最も簡単なアルゴリズムである**逐次探索** [6),7)] のプログラムを作成しよう。数値データは，（6，4，2，3，7，1，5）とし，A ボタンを押すと，数値データの中からランダムに値を選び，選んだ値を探索する。探索のデータがあれば，「♥」のアイコンとデータの位置を表示しよう（**図 5.1**）。 rei5-1

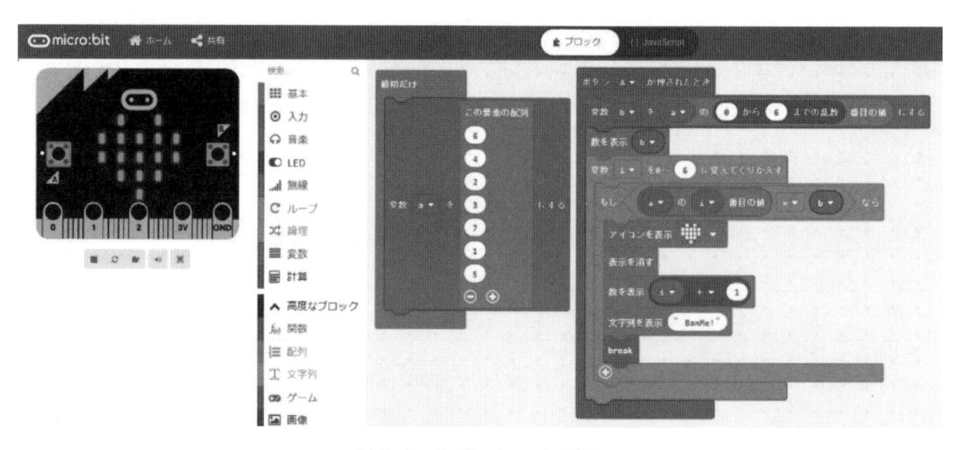

図 5.1　シミュレータ画面

JavaScript（例題 5-1）

```
let b = 0
let a: number[] = []
a = [6, 4, 2, 3, 7, 1, 5]
input.onButtonPressed(Button.A,
function () {
  b = a[Math.randomRange(0, 6)]
  basic.showNumber(b)
  for (let i = 0; i <= 6; i++) {
    if (a[i] == b) {
      basic.showIcon(IconNames.
      Heart)
      basic.clearScreen()
      basic.showNumber(i + 1)
      basic.showString(" BanMe!")
      break
    }
  }
})
```

練習 5-1　例題5-1のプログラムを変更し，Aボタンを押すと探索する数値（0～9）が順番に選択できるようにしよう。選択されている数値はLEDに表示しよう。

Bボタンを押すと探索を開始し，数値データがあれば，「♥」のアイコンとデータの位置を表示し，なければ「×」を表示しよう（**図 5.2**）。 ren5-1

JavaScript（練習 5-1）

```
let b = 0
let sh = 0
let a: number[] = []
a = [6, 4, 2, 3, 7, 1, 5]

input.onButtonPressed(Button.A,
function () {
  b = (b + 1) % 10
  basic.showNumber(b)
})

input.onButtonPressed(Button.B,
function () {
  sh = -1
  for (let i = 0; i <= 6; i++) {
    if (a[i] == b) {
      sh = i
      break
    }
  }
  if (sh >= 0) {
    basic.showIcon(IconNames.
    Heart)
    basic.clearScreen()
    basic.showNumber(sh + 1)
    basic.showString(" BanMe!")
  } else {
    basic.showIcon(IconNames.No)
  }
})
```

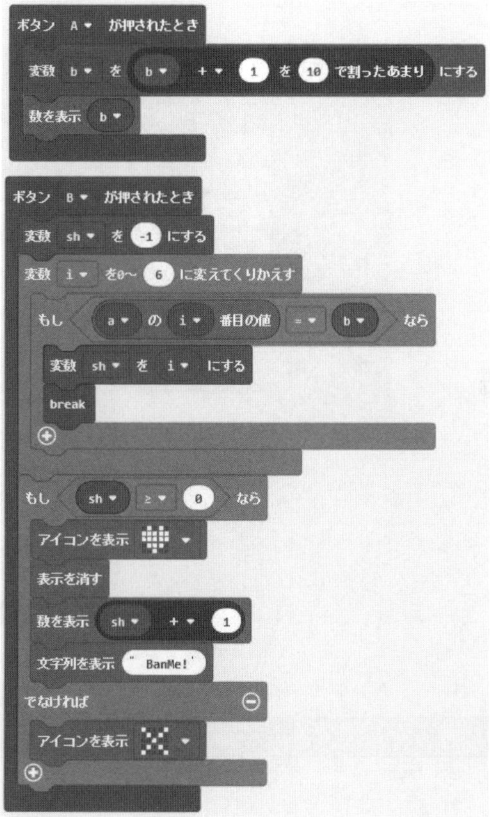

ボタン A が押されたとき
変数 b を b + 1 を 10 で割ったあまり にする
数を表示 b

ボタン B が押されたとき
変数 sh を -1 にする
変数 i を0～ 6 に変えてくりかえす
もし a の i 番目の値 = b なら
変数 sh を i にする
break
もし sh ≥ 0 なら
アイコンを表示
表示を消す
数を表示 sh + 1
文字列を表示 " BanMe! "
でなければ
アイコンを表示

図 5.2　入力ブロック（ボタンA，ボタンB）

⚠**注意**：ここでは，探索する数字が見つからなかった場合（sh＝－1）は，「×」を表示している。

【例題 5-2】 文字列の逐次探索プログラムを作成してみよう。文字列データは，（red, green, blue, cyan, magenta, yellow, white）とし，A ボタンを押すと，探索する文字列を文字データの中からランダムに選び，その文字列を探索する。探索データがあれば，「♥」のアイコンとデータの位置を表示しよう（**図 5.3**）。 rei5-2

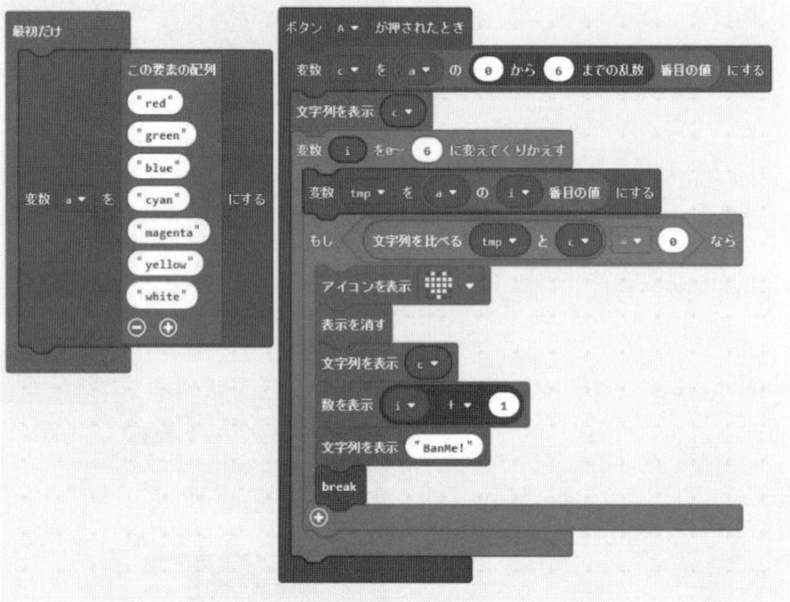

図 5.3　ブロックのプログラム

JavaScript（例題 5-2）

```
let tmp = ""
let c = ""
let a: string[] = []
a = ["red", "green", "blue", "cyan", "magenta", "yellow", "white"]

input.onButtonPressed(Button.A, function () {
  c = a[Math.randomRange(0, 6)]
  basic.showString("" + c)
  for (let i = 0; i <= 6; i++) {
    tmp = a[i]
    if (tmp.compare(c) == 0) {
      basic.showIcon(IconNames.Heart)
      basic.clearScreen()
      basic.showString("" + c)
      basic.showNumber(i + 1)
      basic.showString("BanMe!")
      break
    }
  }
})
```

```
string1.compare(string2)
文字列の順序を比較する。
  string1 > string2 : 1
  string1 < string2 : -1
  string1 = string2 : 0
```

〔2〕 二 分 探 索

探索データが多かったり，後方にある場合は，逐次探索では効率が悪い。そこで，範囲を半分に分けて探索する**二分探索**[6),7)]が用いられる。ただし，二分探索を行う前に，データを降順または昇順に整列しておく必要がある。

• 二分探索のアルゴリズムの解説

七つの整数が格納されている配列 a から「37」を探す場合の二分探索プログラムの処理を説明する（**図 5.4**）。

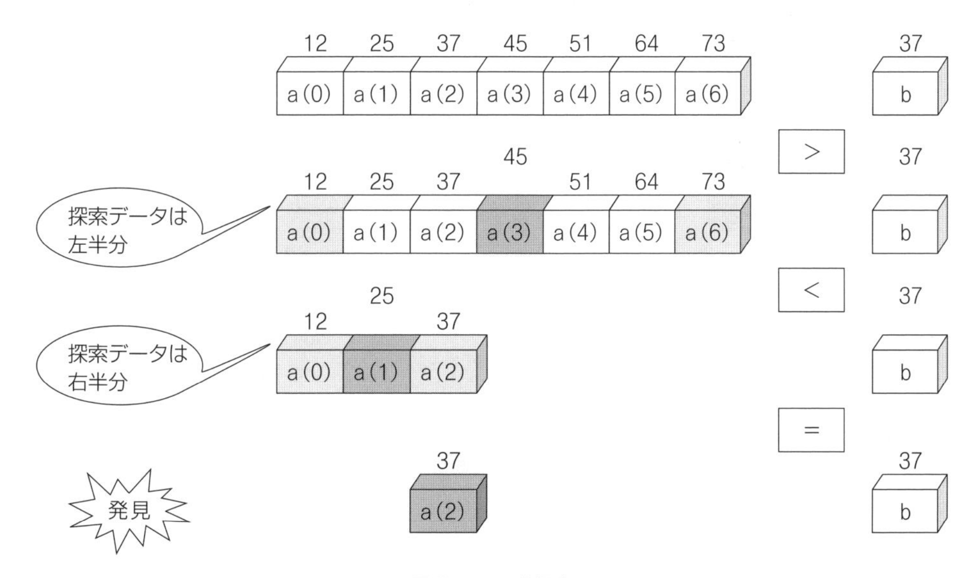

図 5.4　二分探索

（1） 中央値の添え字を決め，探索範囲をしぼる。

① 1番目 a(0) の添え字と最後 a(6) の添え字を足して 2 で割った数値を中央値の添え字とする。ここでは，(0 + 6) ÷ 2 = 3 となり，「45」が中央値となる。

② 「45」は目的のデータではない。45 ＞ 37 なので，「37」は左半分にある。

（2） 上限の添え字を入れ替え，探索範囲をしぼる。

① 左半分にあるので，上限の添え字を 3 に設定し，中央値を求める。中央値は (1 + 3) ÷ 2 = 2 で，a(2) のデータ「25」が中央値となる。

② 「25」は目的のデータではない。37 ＞ 25 なので，「37」は右半分にある。

（3） 下限の添え字を入れ替え，探索範囲をしぼる。

① 右半分にあるので，下限の添え字を 3 に設定する。中央値は (3 + 3) ÷ 2 = 3 で，a(3) のデータ「37」と等しくなる。これで，3 回でデータ「37」が探索できた。

【例題 5-3】 二分探索のプログラムを作成してみよう。整列された数値データは，(1, 2, 3, 4, 5, 6, 7) とし，A ボタンを押すと，数値データ内の値をランダムに選び，その数値を探索する。探査する数値がいまの探索点から左側なら（小さいなら）「←」のアイコン，右側なら（大きいなら）「→」のアイコン，見つかれば「♥」のアイコンを表示しよう（**図 5.5**）。 rei5-3

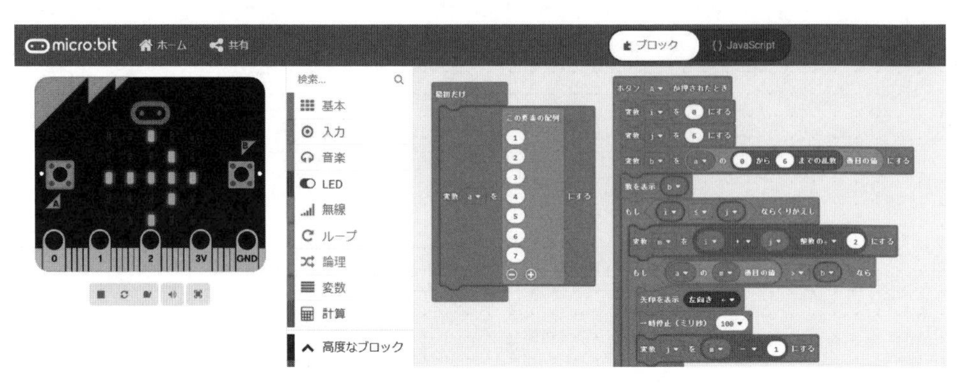

図 5.5　シミュレータ画面

JavaScript（例題 5-3）

```
let m = 0
let j = 0
let i = 0
let b = 0
let a : number[] = []
a = [1, 2, 3, 4, 5, 6, 7]
input.onButtonPressed(Button.A,
function () {
  i = 0
  j = 6
  b = a[Math.randomRange(0, 6)]
  basic.showNumber(b)
  while (i <= j) {
    m = Math.idiv(i + j, 2)
    if (a[m] > b) {
      basic.showArrow (ArrowNames.
      West)
      basic.pause(100)
      j = m - 1
      basic.clearScreen()
      basic.pause(100)
    } else if (a[m] < b) {
      basic.showArrow(ArrowNames.
      East)
      basic.pause(100)
      i = m + 1
      basic.clearScreen()
      basic.pause(100)
    } else {
      basic.showIcon(IconNames.
      Heart)
      break
    }
  }
})
```

Math.idiv(a,b)
整数として a を b で割り算する（答えも整数）。
（例） a=7, b=3 なら
　Math.idiv (a,b) は 2

練習 5-2 二分探索のアリゴリズムを表で確かめてみよう。例題 5-3 のプログラムで数値 1 を探索する場合は**表 5.1** のように変数 i，j，m の値，および矢印の向きは変化する。数値 5 を探索する場合は，i，j，m がどのように変化するか，表 5.1 を参考にして，数値 5 を探索する場合の表を完成させよう。

表 5.1 変数 i，j，m および矢印の表示（数値 1 を探索する場合）

	i の値	j の値	m の値	矢印の向き
ループ 1	0	6	3	←
ループ 2	0	2	1	←
ループ 3	0	1	1	♥

【例題 5-4】 例題 5-2，5-3 のプログラムを参考にして，文字列の二分探索プログラムを作成してみよう。なお，整列された文字列データは，（blue，cyan，green，magenta，red，white，yellow）とし，A ボタンを押すと探索する文字列を文字データ内からランダムに選び，その文字列を探索する。探索する文字列がいまの探索点から左側なら（小さいなら）「←」のアイコン，右側なら（大きいなら）「→」のアイコン，見つかれば「♥」のアイコンを表示しよう（**図 5.6**）。 rei5-4

⚠ **注意**：文字列データは，アルファベット順に並んでいるものとする。

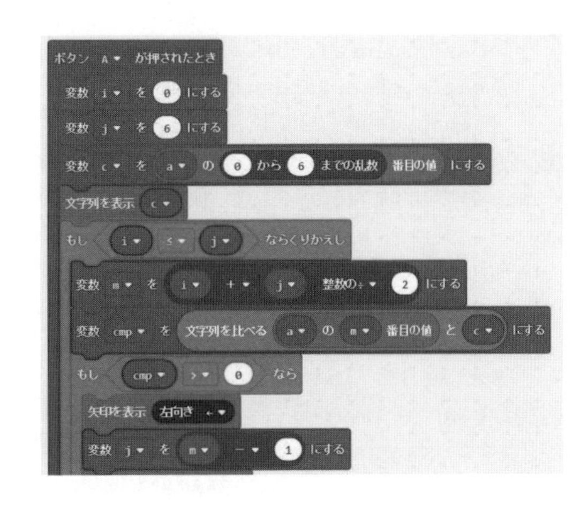

図 5.6 ブロックのプログラム

コラム：アルゴリズムの効率

逐次探索では，データ数 N が大きくなれば，それに比例して最大探索時間が増加する。二分探索では，N が大きくなっても，それほど増加しない。しかし，二分探索は，前もってデータを整列しておく必要がある。アリゴリズムを理解した適切な選択が重要である。

JavaScript（例題 5-4）

```
let cmp = 0
let m = 0
let c = ""
let i = 0
let j = 0
let a: string[] = []
a = ["blue", "cyan", "green", "magenta", "red", "white", "yellow"]

input.onButtonPressed(Button.A, function () {
  i = 0
  j = 6
  c = a[Math.randomRange(0, 6)]
  basic.showString(c)
  while (i <= j) {
    m = Math.idiv(i + j, 2)
    cmp = a[m].compare(c)
    if (cmp > 0) {
      basic.showArrow(ArrowNames.West)
      j = m - 1
      basic.pause(100)
      basic.clearScreen()
      basic.pause(100)
    } else if (cmp < 0) {
      basic.showArrow(ArrowNames.East)
      i = m + 1
      basic.pause(100)
      basic.clearScreen()
      basic.pause(100)
    } else {
      basic.showIcon(IconNames.Heart)
      basic.showNumber(m + 1)
      basic.showString("BanMe")
      basic.clearScreen()
      break
    }
  }
})
```

5.2 整　　　列

ここでは，データの整列について学ぶ。その中でも，比較的簡単な**整列**アルゴリズムである**交換法**[6),7)]のプログラムを作成する。

〈交換法のアルゴリズムの解説〉

四つの整数データ「29，13，10，16」が保存されている配列aがある。このデータを交換法で昇順に並べ替える処理を説明する（**図5.7**）。

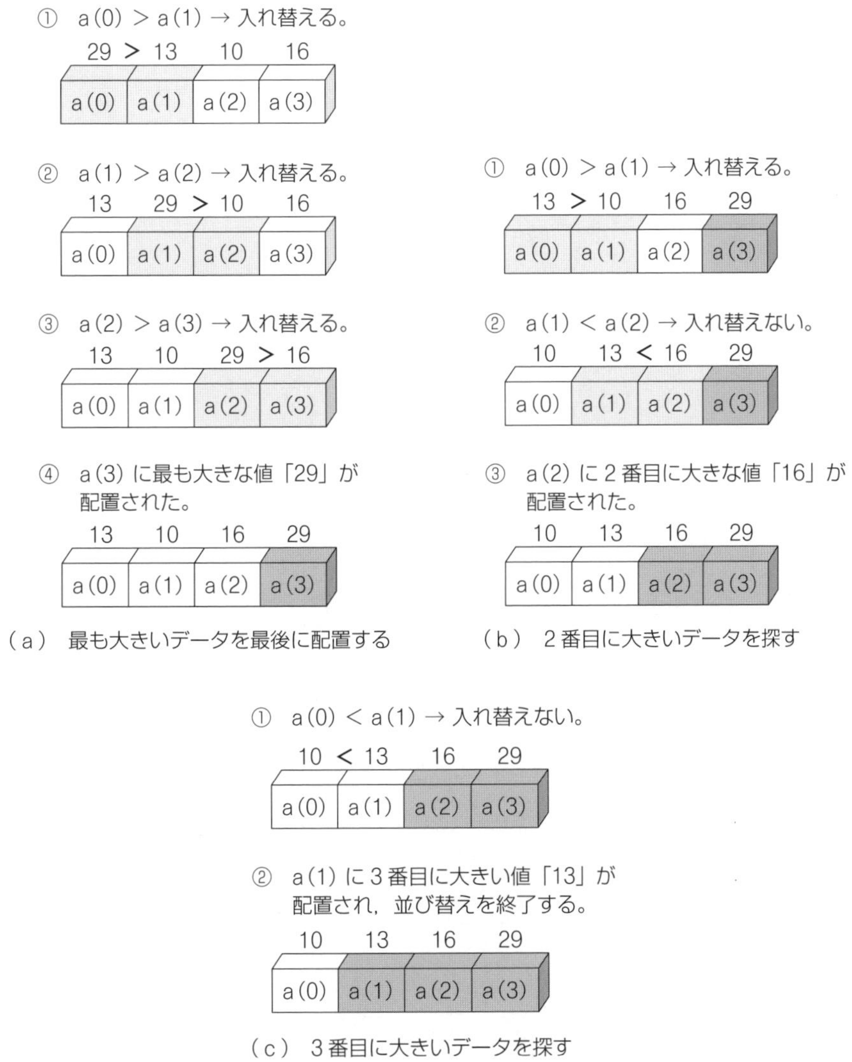

① a(0) > a(1) → 入れ替える。
29 > 13 10 16
a(0) a(1) a(2) a(3)
② a(1) > a(2) → 入れ替える。
13 29 > 10 16
a(0) a(1) a(2) a(3)
③ a(2) > a(3) → 入れ替える。
13 10 29 > 16
a(0) a(1) a(2) a(3)
④ a(3) に最も大きな値「29」が配置された。
13 10 16 29
a(0) a(1) a(2) a(3)
（a） 最も大きいデータを最後に配置する
① a(0) > a(1) → 入れ替える。
13 > 10 16 29
a(0) a(1) a(2) a(3)
② a(1) < a(2) → 入れ替えない。
10 13 < 16 29
a(0) a(1) a(2) a(3)
③ a(2) に2番目に大きな値「16」が配置された。
10 13 16 29
a(0) a(1) a(2) a(3)
（b） 2番目に大きいデータを探す
① a(0) < a(1) → 入れ替えない。
10 < 13 16 29
a(0) a(1) a(2) a(3)
② a(1) に3番目に大きい値「13」が配置され，並び替えを終了する。
10 13 16 29
a(0) a(1) a(2) a(3)
（c） 3番目に大きいデータを探す

図5.7 整　　列

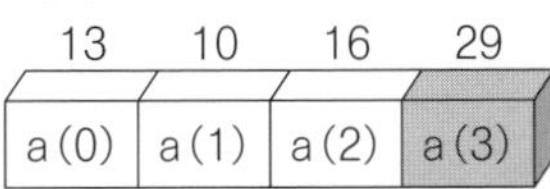

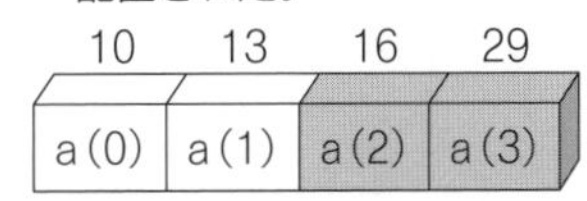

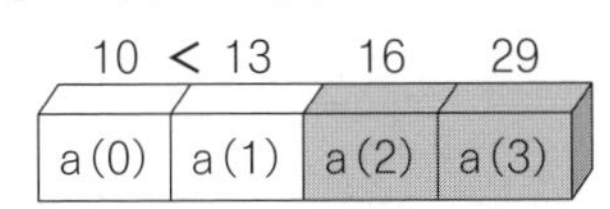

【例題 5-5】 交換法で整列するプログラムを作成してみよう。数値データは，(3，2，1，5，4）とし，整列は，昇順（小さい順）とする（**図 5.8**)。rei5-5

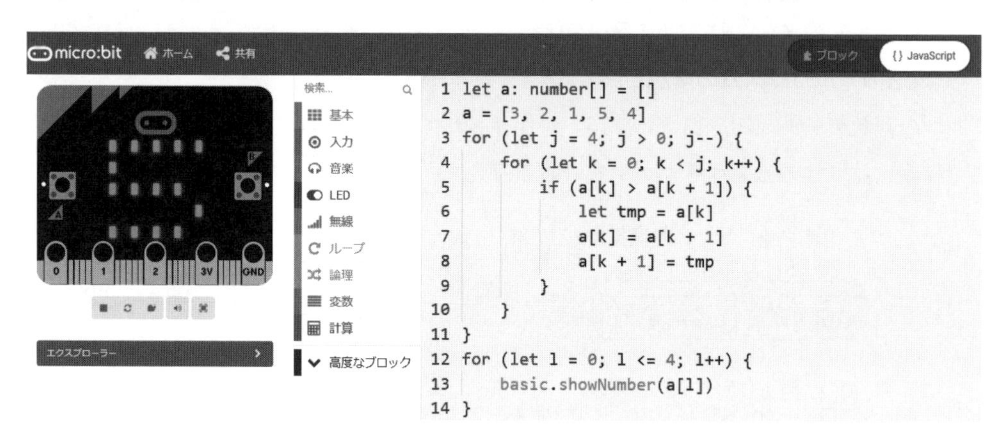

図 5.8　シミュレータ画面

JavaScript（例題 5-5）

```
let a： number[] = []
a = [3, 2, 1, 5, 4]
for (let j = 4; j > 0; j--) {
  for (let k = 0; k < j; k++) {
    if (a[k] > a[k + 1]) {
      let tmp = a[k]
      a[k] = a[k + 1]
      a[k + 1] = tmp
    }
    数値をここで表示して内側のループ結果を確認*
  }
}
for (let l = 0; l <= 4; l++) {
  basic.showNumber(a[l])
}
```

※ なお，数値を表示する場所を変えて，1 回目の内側のループの結果が以下のようになるか確認しておこう。

〈1 回目の結果〉

3	**2**	1	5	4	交換する
2	**3**	**1**	5	4	交換する
2	1	**3**	**5**	4	交換しない
2	1	3	**5**	**4**	交換する
2	1	3	4	5	結果

練習 5-3　例題 5-5 の交換法で整列されていく様子を棒グラフにしてみよう。なお，グラフ表示については，例題 2-6 で作成したプログラムを参考にして作成する（**図 5.9**）。

ren5-3

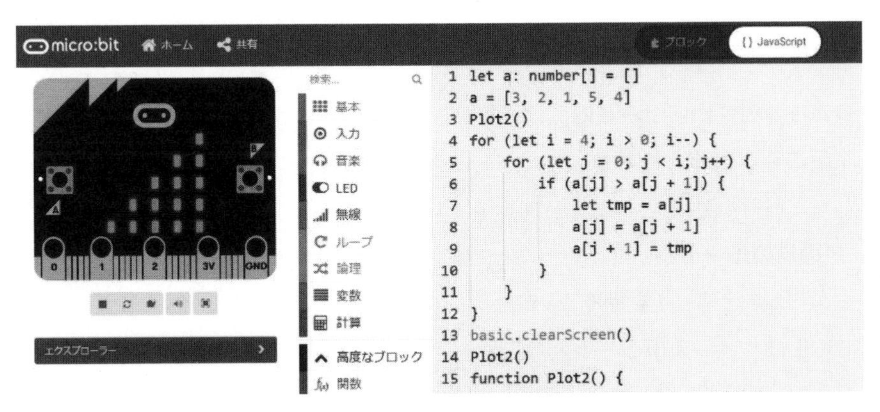

図 5.9　シミュレータ画面

練習 5-4　文字列を交換法で整列するプログラムを作成してみよう。文字列データは，（gr，ye，bl，re）とする（**図 5.10**）。 ren5-4

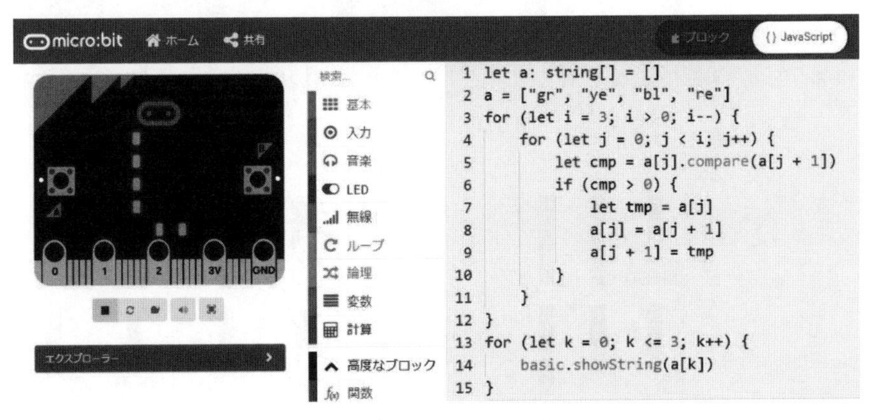

図 5.10　シミュレータ画面

※ 文字列の比較（compare）は，例題 5-2 のプログラム内の説明を参考にする。

5.3 ハノイの塔

ここでは，有名な**ハノイの塔**のアリゴリズムについて学ぶ。ハノイの塔を例に**再帰関数**について理解するとともに，アルゴリズムの可視化について考えてみる。

ハノイの塔のゲームは，**図 5.11** のように3本の棒とそれにはまる，真ん中に穴が開いた大きさの異なる円盤からなる。円盤は一番小さいのがてっぺん，一番大きいのが底にある状態で，左端の棒に収まった状態から始め，右端の棒にすべての円盤が移動できたら終了です。ただし，円盤を動かすのには下のようなルールがある。

〈ハノイの塔のルール〉

- 1回に一つの円盤しか動かせない。
- 打てる手は，一つの山の一番上の円盤を，ほかの山の上に置くこと（すなわち，山の一番上の円盤だけ動かせる）。
- 小さい円盤の上に，それより大きい円盤を置くことはできない。

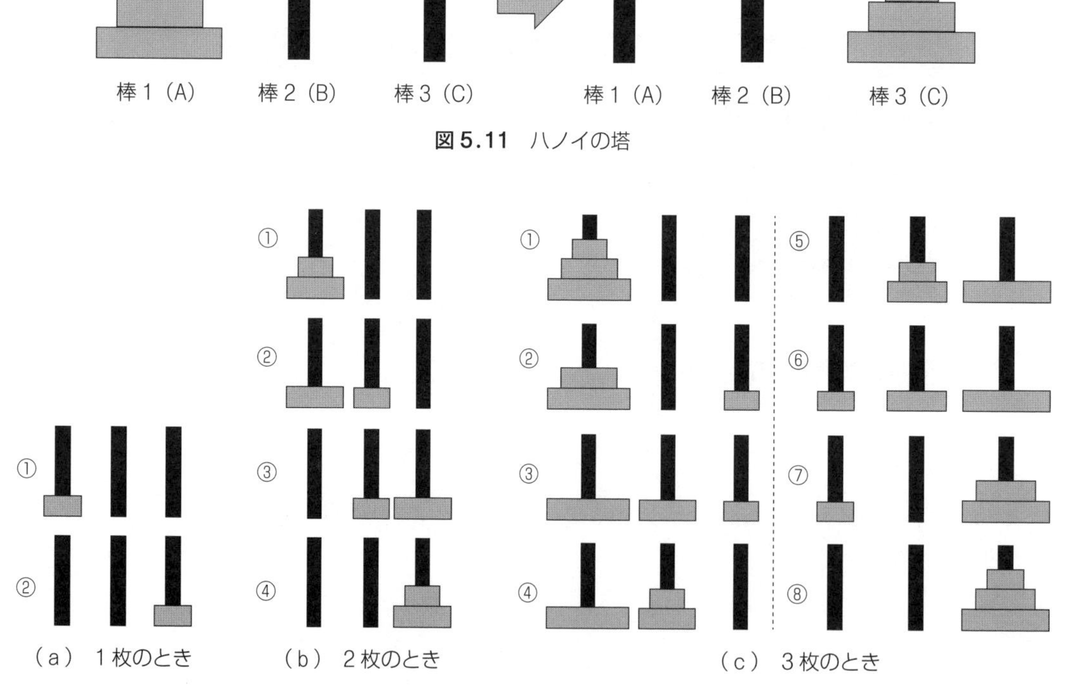

図 5.11 ハノイの塔

図 5.12 「ハノイの塔」移動の例

【例題 5-6】 ハノイの塔（**図 5.12**）の教材プログラムを実行することによって，ハノイの塔の円盤が移動していく様子を確かめてみよう。なお，A ボタンを押すと円盤が 1 枚設定され，B ボタンを押すと，1 枚ずつ円盤の枚数が増加していく。 rei5-6

1 枚のとき：「1Mai」「♥」「1」「A」「↓」「C」「End」と表示
2 枚のとき：「2Mai」「♥」「1」「A」「↓」「B」「♥」「2」
「A」「↓」「C」「♥」「1」「B」「↓」「C」「End」と表示
3 枚のとき：「3Mai」「♥」「1」「A」「↓」「C」…「End」と表示
ただし，「♥」は円盤

練習 5-5 下記のプログラムは，ハノイの塔の関数 hanoi の箇所である。関数 hanoi は再帰関数になっている。関数 hanoi がどのように処理されているか hanoi（3, 1, 3）の処理手順を確かめてみよう（**図 5.13**）。

JavaScript（練習 5-5）

```
// 関数 hanoi の定義
function hanoi(n: number, a: number, b: number) {
  if (n > 1) {
    hanoi(n - 1, a, 6 - a - b)
  }
  basic.showIcon(IconNames.Heart)
  basic.pause(1000)
  basic.showNumber(n)  //  円盤の番号 1, 2, 3…
  basic.pause(500)
  //  移動前の棒 (a) から
  basic.showString(String.fromCharCode(64 + a))
  basic.pause(500)
  basic.showArrow(ArrowNames.South)  //  矢印は移動の印
  basic.pause(500)
  //  移動後の棒 (b) へ
  basic.showString(String.fromCharCode(64 + b))
  basic.pause(500)
  basic.clearScreen()
  if (n > 1) {
    hanoi(n - 1, 6 - a - b, b)
  }
}
```

〈**再帰関数の処理手順**〉

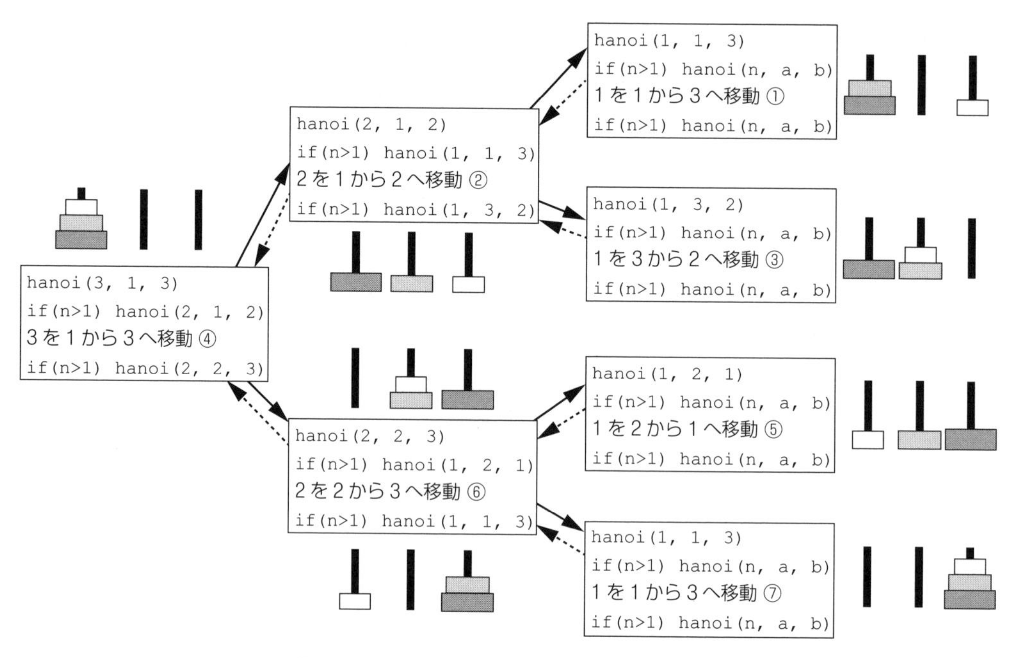

図 5.13　hanoi（3, 1, 3）の再帰呼出しの様子

練習 5-6　n 枚の円盤を移動し終えるまで，何回かかるだろうか？　円盤が3枚のときは，図5.13からもわかるように7回かかる。

円盤1枚のとき：　$1 \qquad\qquad = \ 2^1-1$

円盤2枚のとき：　$1\times2+1=3 \qquad = \ 2^2-1$

円盤3枚のとき：　$3\times2+1=7 \qquad = \ 2^3-1$

⋮　　　　　　　　⋮

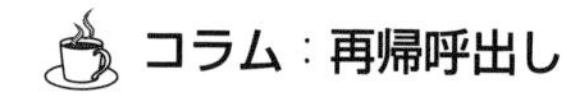

コラム：再帰呼出し

関数の定義の中に自分自身を呼び出している箇所があるとき，その呼出しを**再帰呼出し**という。

再帰呼出しの例である n の階乗

$$n! = n\times(n-1)\times(n-2)\times\cdots\times1$$
$$= n\times(n-1)!$$

の JavaScript プログラムは右のようにかける。 c53-fact

JavaScript

```
let c = 0
c = fact(5)
basic.showNumber(c)
function fact(n: number): number {
  if (n != 0) {
    return n * fact(n - 1)
  }
  return 1
}
```

JavaScript（例題 5-6）

```
let n = 0
input.onButtonPressed(Button.A, function () {
  n = 1
  basic.showNumber(n)
  basic.showString(" Mai")
  hanoi(n, 1, 3)
  basic.showString(" End")
})

input.onButtonPressed(Button.B, function () {
  n = n + 1
  basic.showNumber(n)
  basic.showString(" Mai")
  hanoi(n, 1, 3)
  basic.showString(" End")
})

function hanoi(n: number, a: number, b: number) {
  if (n > 1) {
    hanoi(n - 1, a, 6 - a - b)
  }
  basic.showIcon(IconNames.Heart)
  basic.pause(1000)
  basic.showNumber(n) //円盤の番号 1, 2, 3…
  basic.pause(500)
  // 移動前の棒 (a) から
  basic.showString(String.fromCharCode(64 + a))
  basic.pause(500)
  basic.showArrow(ArrowNames.South)// 矢印は移動の印
  basic.pause(500)
  // 移動後の棒 (b) へ
  basic.showString(String.fromCharCode(64 + b))
  basic.pause(500)
  basic.clearScreen()
  if (n > 1) {
    hanoi(n - 1, 6 - a - b, b)
  }
}
```

5.4 自動販売機の状態遷移図

ここでは，自動販売機を例に，状態遷移図について学ぶ。

【例題 5-7】 200円の商品を売っている自動販売機がある。投入する硬貨は100円だけとし，商品を購入する場合の**状態遷移図**[8]は，**図 5.14**のようになる。スイッチAを押すと100円硬貨を投入したときのシミュレーションを行うプログラムを作成してみよう（**図 5.15**）。なお，商品のアイコンは，「まと」にする。 rei5-7

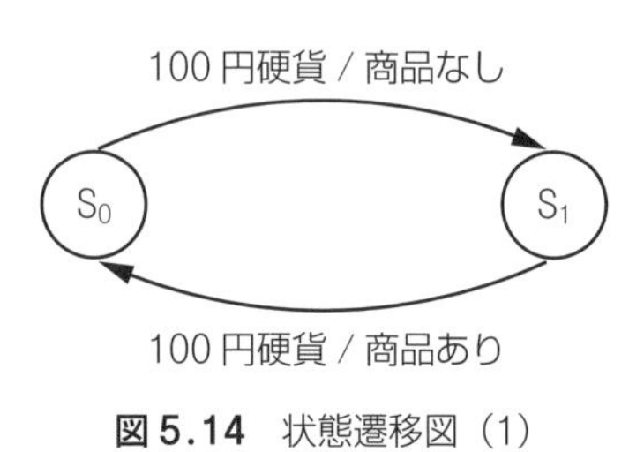

図 5.14 状態遷移図（1）

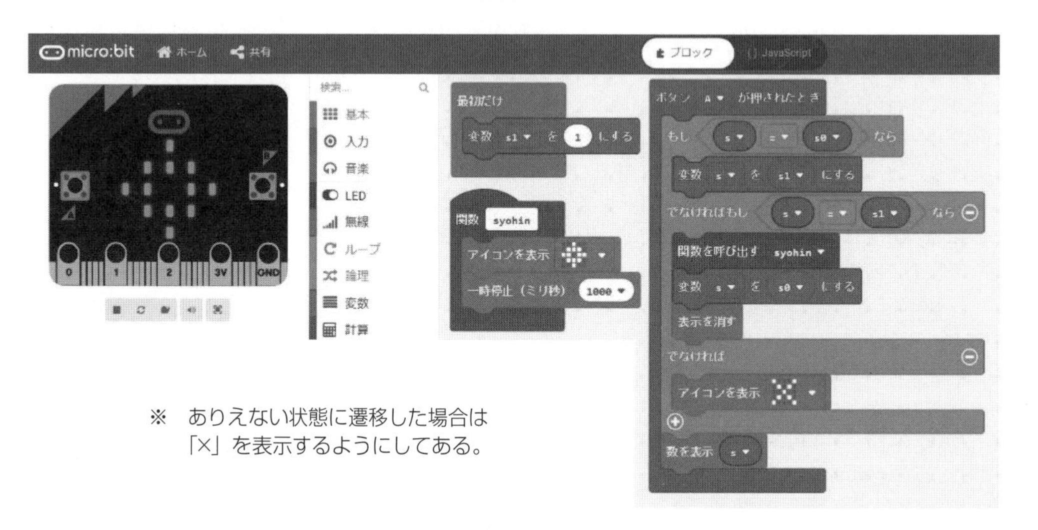

図 5.15 シミュレータ画面

JavaScript（例題 5-7）

```
let s = 0
let s0 = 0
let s1 = 0
s1 = 1
input.onButtonPressed(Button.A,
function () {
  if (s == s0) {
    s = s1
  } else if (s == s1) {
    syohin()
    s = s0
    basic.clearScreen()
  } else {
    basic.showIcon(IconNames.No)
  }
  basic.showNumber(s)
})
function syohin() {
  basic.showIcon(IconNames.Target)
  basic.pause(1000)
}
```

【例題 5-8】 自動販売機に 50 円と 100 円を投入して，150 円の商品を購入する場合の状態遷移図[8] は，**図 5.16** のようになる。

スイッチ A を押すと 100 円硬貨を投入，スイッチ B を押すと 50 円硬貨を投入したときのシミュレーションを行うプログラムを作成してみよう。なお，商品のアイコンは，「まと」，おつりのアイコンは，「小さなダイアモンド」にする（**図 5.17**）。 rei5-8

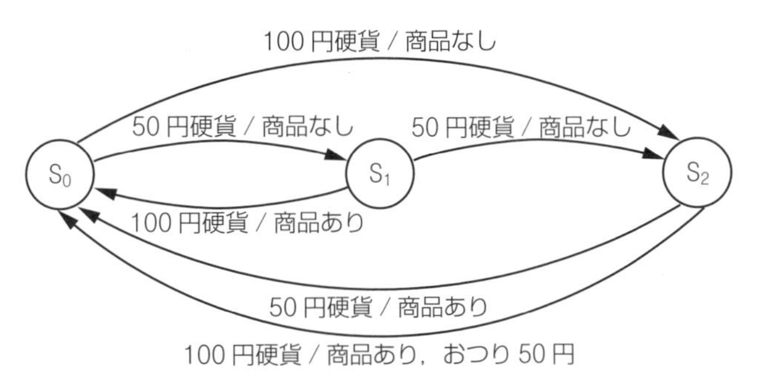

図 5.16　状態遷移図（2）

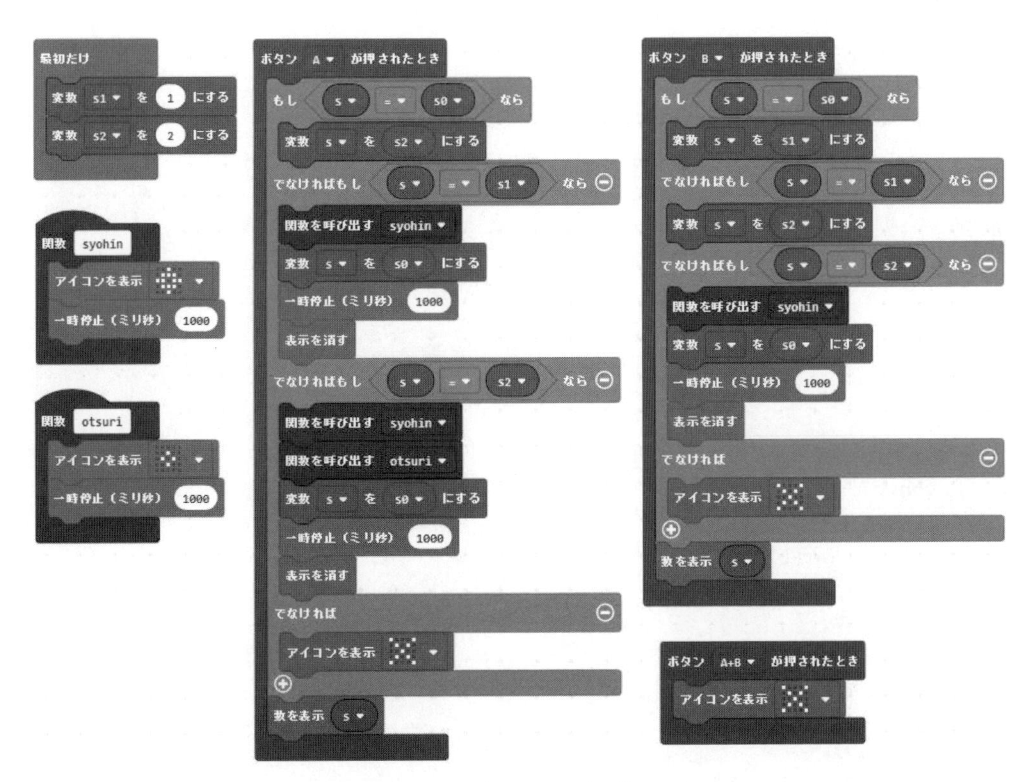

図 5.17　ブロックのプログラム

JavaScript（例題 5-8）

関数 syohin，otsuri およびボタン A + B は省略

```
let s = 0
let s0 = 0
let s1 = 0
let s2 = 0
s1 = 1
s2 = 2

input.onButtonPressed(Button.A, function () {
  if (s == s0) {
    s = s2
  } else if (s == s1) {
    syohin()
    s = s0
    basic.pause(1000)
    basic.clearScreen()
  } else if (s == s2) {
    syohin()
    otsuri()
    s = s0
    basic.pause(1000)
    basic.clearScreen()
  } else {
    basic.showIcon(IconNames.No)
  }
  basic.showNumber(s)
})

input.onButtonPressed(Button.B, function () {
  if (s == s0) {
    s = s1
  } else if (s == s1) {
    s = s2
  } else if (s == s2) {
    syohin()
    s = s0
    basic.pause(1000)
    basic.clearScreen()
  } else {
    basic.showIcon(IconNames.No)
  }
  basic.showNumber(s)
})
```

――演　習　問　題――

【5-1】 交換法で整列するプログラムを参考にして，**直接選択法**[9)] のプログラムを作成してみよう。ens5-1

（a） 例題5-1（交換法）のプログラムを**図5.18**の直接選択法のプログラムに変更してみよう。

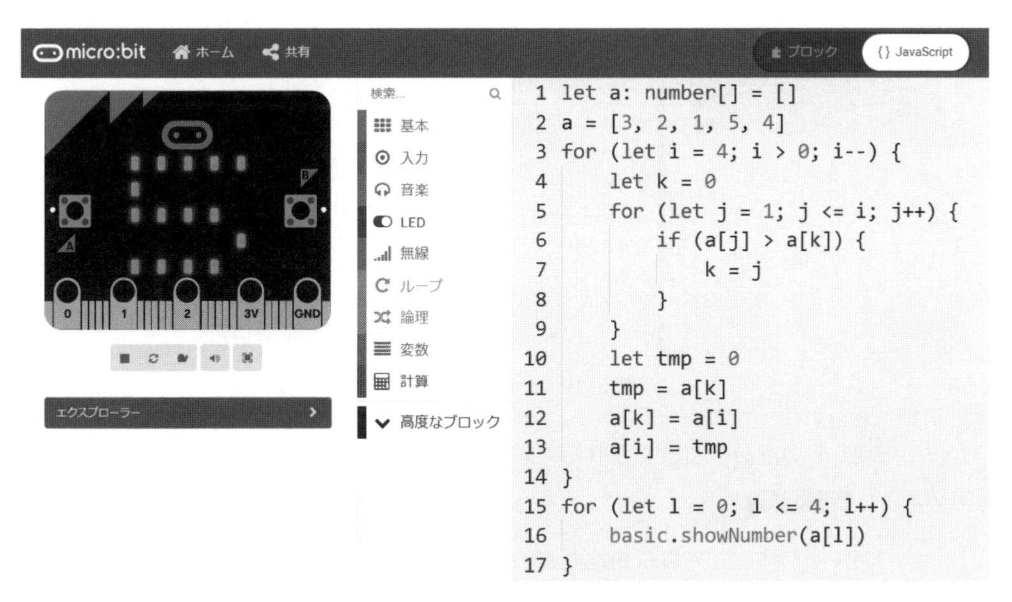

図5.18 シミュレータ画面

直接選択法のアルゴリズムは右のように①の箇所で，一番大きな値の添え字を探索して，②の箇所でデータを入れ替えている。

（b） プログラムの結果表示箇所（右のプログラム，③）を入れて，数値の入替えを確認してみよう。

3	2	1	4	5
3	2	1	4	5
1	2	3	4	5
1	2	3	4	5

JavaScript（演習問題5-1（b））

```
for (let i = 4; i > 0; i--) {
  let k = 0
  for (let j = 1; j <= i; j++) {
    if (a[j] > a[k]) {
      k = j          …①
    }
    let tmp = 0   ┐
    tmp = a[k]    │
    a[k] = a[i]   ├②
    a[i] = tmp    ┘

    //  結果の表示 …③


  }
}
```

【5-2】 自動販売機の商品の値段を変えて，プログラムを変更してみよう（**図 5.19**）。

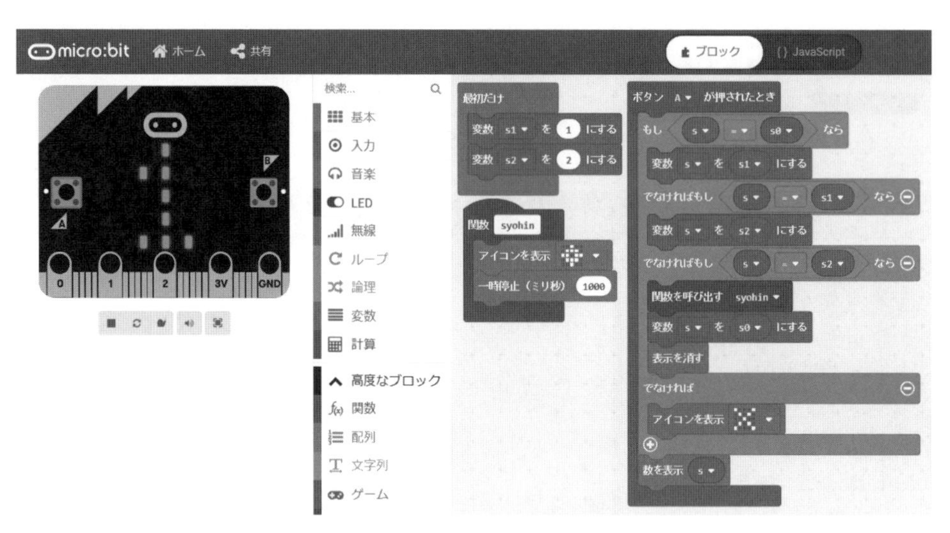

図 5.19　シミュレータ画面

（a）　例題 5-7 の商品の値段を 300 円にする。自動販売機の状態遷移表は，**表 5.2** のとおりである。ens5-2-1

表 5.2　自動販売機の状態遷移表（1）

入力・出力 / 現在の状態	入力（100 円硬貨）	
	つぎの状態	出力（300 円商品）
0 円の状態　S_0	S_1	なし
100 円の状態　S_1	S_2	なし
200 円の状態　S_2	S_0	あり

（b）　例題 5-8 の商品の値段を 250 円にする。自動販売機の状態遷移表は，**表 5.3** のとおりである。ens5-2-2

表 5.3　自動販売機の状態遷移表（2）

入力・出力 / 現在の状態	入力（50 円硬貨）			入力（100 円硬貨）		
	つぎの状態	出力		つぎの状態	出力	
		商品	おつり		商品	おつり
0 円の状態　S_0	S_1	なし	なし	S_2	なし	なし
50 円の状態　S_1	S_2	なし	なし	S_3	なし	なし
100 円の状態　S_2	S_3	なし	なし	S_4	なし	なし
150 円の状態　S_3	S_4	なし	なし	S_0	あり	0 円
200 円の状態　S_4	S_0	あり	なし	S_0	あり	50 円

6. 通信とプログラム

6.1 通 信 の 基 本

ここでは，micro:bit の無線通信の利用について学ぶ。Bluetooth を使って，ほかの人の micro:bit と通信するプログラムを作成しながら通信の仕組みを理解しよう。

【例題 6-1】 micro:bit 上で，動作する送受信プログラムを作成してみよう。

送信処理は B ボタンを押すと「hello」というメッセージを Bluetooth から送信し，受信処理は Bluetooth から受信した文字列を LED に表示する（**図 6.1**，**図 6.2**）。rei6-1

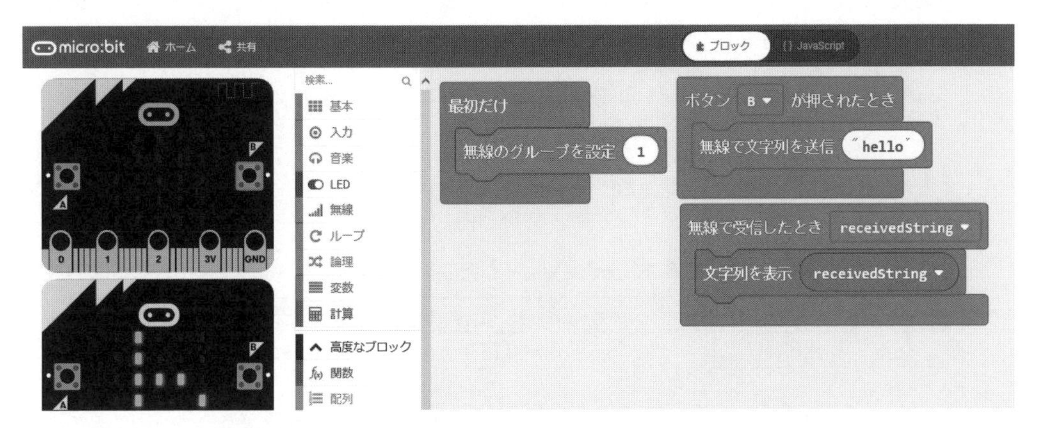

図 6.1 シミュレータ画面

```
1 input.onButtonPressed(Button.B, function () {
2     radio.sendString("hello")
3 })
4 radio.onReceivedString(function (receivedString) {
5     basic.showString(receivedString)
6 })
7 radio.setGroup(1)
```

図 6.2 JavaScript プログラム

練習 6-1 例題 6-1 のプログラムを変更し，B ボタンを押すと，「hello」というメッセージを送信し，続けて B ボタンを押すと今度は「world」というメッセージを送信するように変更してみよう。ren6-1

6.2 ネットワークにおけるアドレッシング

ここでは，例題を通してネットワークの基礎的なアドレッシング技術について学ぶ。

例題 6-1 のプログラムを 3 人以上で実行すると，自分以外のすべての人がメッセージを受信する。ネットワークで特定の相手に送信したい場合は，そのメッセージを送る相手をアドレスで指定する（電話番号のようなもの）。また，通信する場合は，相手を指定するだけでなく，送り手がだれであるかも指定する必要がある。

このような通信における決め事のことを**プロトコル**という。以下，簡単なプロトコルを使って，特定の相手（micro:bit）にメッセージを送るプログラムを作成する。

〔1〕 一 対 一 通 信

【例題 6-2】 例題 6-1 の送信するメッセージを**表 6.1** のように拡張し，メッセージを送信する（**図 6.3**）プログラムを作成しよう（**図 6.4**，**図 6.5**）。rei6-2

メッセージの 0 番目要素：相手の番号（今回は 2）

メッセージの 1 番目要素：自分の番号（今回は 1）

メッセージの 2 番目以降要素：メッセージ本体（今回は文字列 hello）

表 6.1 送信メッセージのフォーマット

相手のアドレス（番号）	自分のアドレス（番号）	送信したい内容
0～8 番	0～8 番	hello

A ボタンを送信相手の選択ボタンとし，ボタンを押していくと番号が 0, 1, 2, …, 7, 8, 0, … と順番に番号が変わる。B ボタンを押すと，現在，選択されている相手にメッセージを送信する。受信側は受信したメッセージが自分宛なら LED にメッセージを表示し，そうでないならメッセージを破棄する。

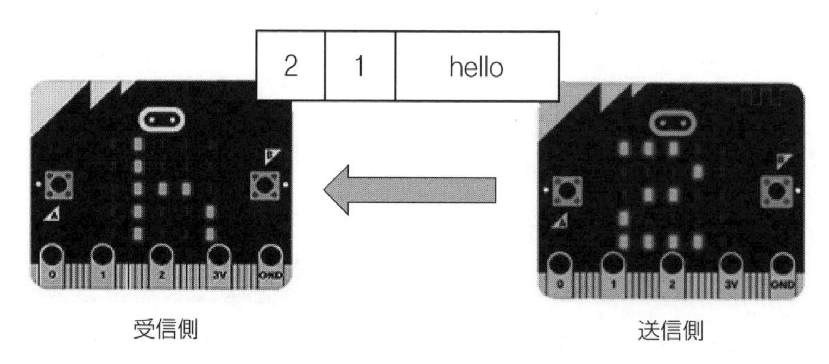

図 6.3 メッセージのアドレッシング

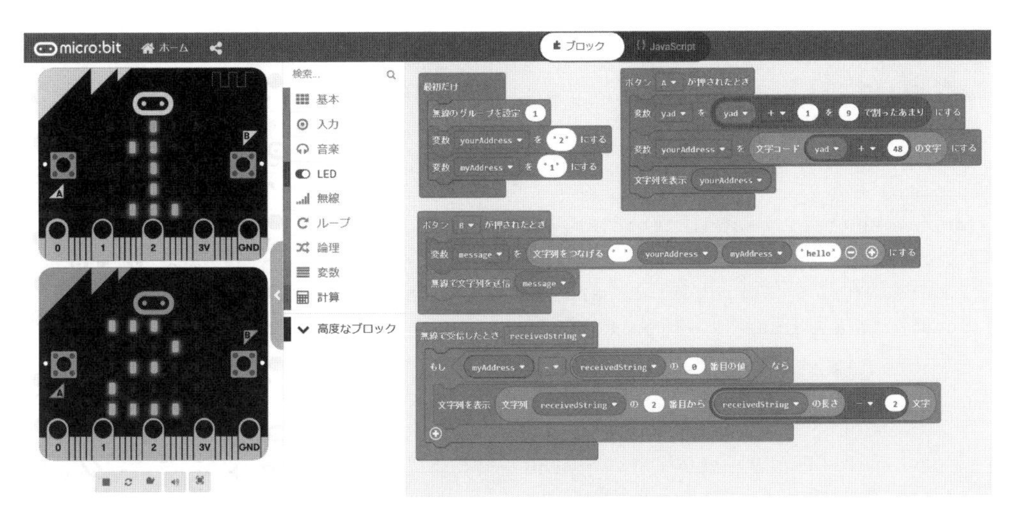

図 6.4　シミュレータ画面

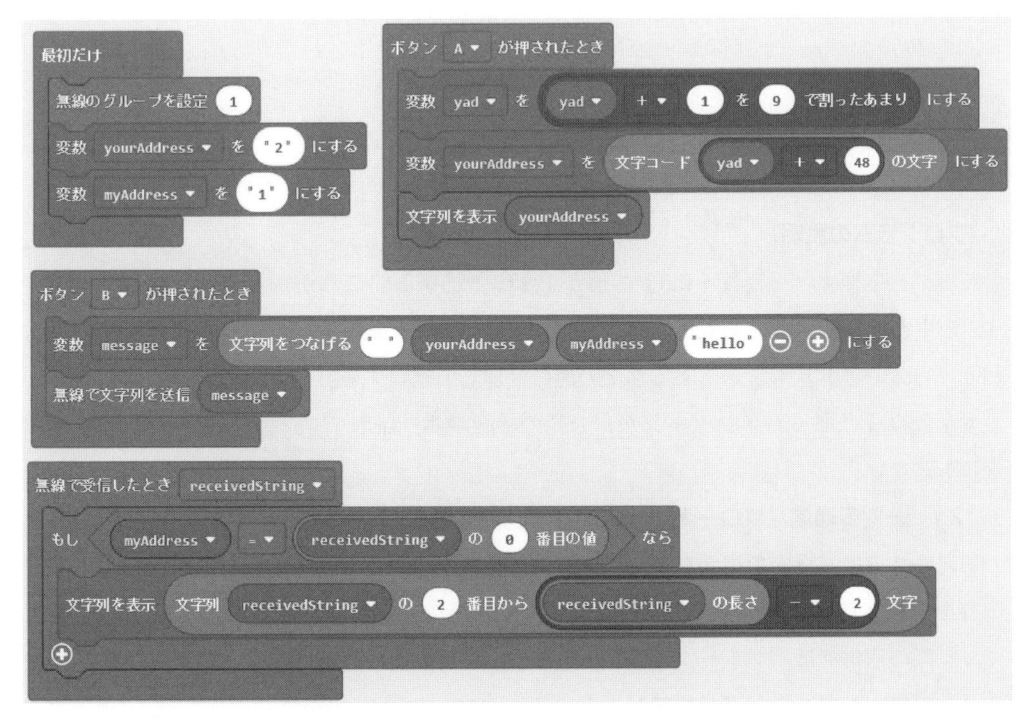

図 6.5　ブロックのプログラム

JavaScript（例題 6–2）

```
let yourAddress = ""
let myAddress = ""
let message = ""
let yad = 0
myAddress = "2"
yourAddress = "1"

input.onButtonPressed(Button.A, function () {
  yad = (yad + 1) % 9
  yourAddress = String.fromCharCode(yad + 48)
  basic.showString("" + yourAddress)
})

input.onButtonPressed(Button.B, function () {
  message = "" + yourAddress + myAddress + "hello"
  radio.sendString("" + message)
})

radio.onReceivedString(function (receivedString) {
  if (myAddress == receivedString[0]) {
    basic.showString(receivedString.substr(2, receivedString.length - 2))
  }
})
```

`String.fromCharCode(CODE)`
引数 CODE で与えられた ASCII コード値を文字列に変換する。
例えば，文字「1」のアスキーコードは，31H（10 進数で 49）である。

〈プログラムの説明〉

A ボタンを押すと，変数「yad」の値が 1 ずつ増加する。これが送信相手のアドレスを表す。B ボタンを押すと，変数「yad」の値を String.fromCharCode（）で文字に変換し，その値と，自分のアドレスを送信する本文の前に付加して送信する。

受信側は受け取ったメッセージが自分宛の場合のみ，LED に表示し，そうでない場合はなにもしない。

〔2〕 一対多通信（ブロードキャスト通信）の必要性

例題 6–2 では，特定の相手だけにメッセージ送信するプログラムを作成した。もし，同じ内容を複数人に送る場合の一対一通信では，人数分の送信を行わなければならない。そこで，実際の通信では，グループ全体にメッセージを送るための特殊なアドレスが存在する。これを**ブロードキャストアドレス**という。

練習 6-2 例題6-2のプログラムを変更し，メッセージをブロードキャストする機能を追加してみよう。今回はアドレス9番をブロードキャストアドレスとする。送信側ではブロードキャストアドレスの9番も選択できるように変更する。受信プログラムは，もし，宛先番号が自分の番号または9番（ブロードキャストアドレス）ならLEDに表示するように修正する（**図6.6**）。 ren6-2

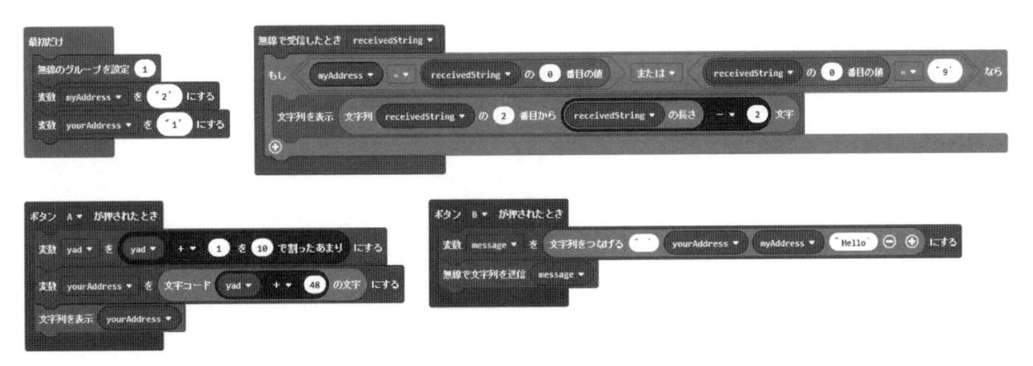

図6.6 ブロックのプログラム

JavaScript（練習 6-2）

```
let yourAddress = ""
let message = ""
let myAddress = ""
let yad = 0
myAddress = "2"
yourAddress = "1"

radio.onReceivedString(function (receivedString) {
  if (myAddress == receivedString[0] || receivedString[0] == "9") {
    basic.showString(receivedString.substr(2, receivedString.length - 2))
  }
})

input.onButtonPressed(Button.A, function () {
  yad = (yad + 1) % 10
  yourAddress = String.fromCharCode(yad + 48)
  basic.showString("" + yourAddress)
})

input.onButtonPressed(Button.B, function () {
  message = "" + yourAddress + myAddress + "hello"
  radio.sendString("" + message)
})
```

6.3 暗号通信

ここでは，暗号通信の方式について学ぶ。

暗号には**秘密鍵暗号方式**と**公開鍵暗号方式**がある。秘密鍵暗号方式は，暗号化と復号で同じ鍵を利用する暗号方式をいう。一方，公開鍵暗号方式は，暗号化と復号で異なる鍵を利用する。

〔1〕 秘密鍵暗号方式

秘密鍵暗号方式の一つであるシーザー暗号を使って暗号通信プログラムを作成する。**シーザー暗号**とは，アルファベットを規則的にずらして通信するアルゴリズムである。

コンピュータは文字に番号を付けて管理している。**文字コード**にはいくつかあるが8ビットの半角英数を扱っているコードを**アスキーコード**という。アスキーコードを使って表現された文字をシーザー暗号により送信するためには，送信するそれぞれの文字コードにシフトする文字数nを加えた文字を送信すればよい。一方，受信側は受け取った文字のアスキーコードからnを引くことで元の文字のアスキーコードを得ることができる。

【例題 6-3】 ボタンAが押されたとき，文字列「dream」（平文）を5文字ずらして（**表 6.2**），暗号通信するプログラムを作成しよう（**図 6.7**）。 rei6-3

表 6.2

平　文	d	r	e	a	m
暗号文（5文字ずらす）	i	w	j	f	r

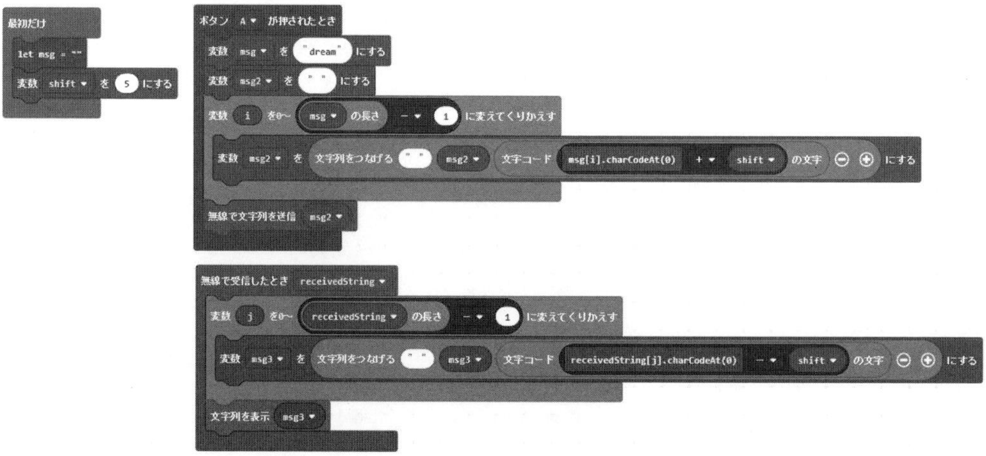

図 6.7 ブロックのプログラム

JavaScript（例題 6-3）

```
let shift = 0
let msg = ""
let msg3 = ""
let msg2 = ""
shift = 5

input.onButtonPressed(Button.A, function () {
  msg = "dream"
  msg2 = ""
  for (let i = 0; i <= msg.length - 1; i++) {
    msg2 = "" + msg2 + String.fromCharCode(msg[i].charCodeAt(0) + shift)
  }
  radio.sendString("" + msg2)
})

radio.onReceivedString(function (receivedString) {
  msg3 = ""
  for (let j = 0; j <= receivedString.length - 1; j++) {
    msg3 =
    "" + msg3 +
    String.fromCharCode(receivedString[j].charCodeAt(0) - shift)
  }
  basic.showString("" + msg3)
})
```

練習 6-3 何文字ずらすかを決めて1人はシーザー暗号を使って，メッセージを送る。もう1人は，相手の送ったメッセージを当てるプログラムを作成してみよう。

〔2〕 公開鍵暗号方式

公開鍵暗号方式の暗号化アルゴリズムの一つに，開発者3人の頭文字をとった**RSA**というアルゴリズムがある。RSAのアルゴリズムは以下のとおりである。

RSA 暗号化アルゴリズム

```
暗号文 = 平文^E mod N
平文 = 暗号文^D mod N（ただし N = p × q で p と q は素数，平文 < N）
F = LCM（p − 1, q − 1）
GCD（E, F）=1
D × E mod F = 1
```

※ LCM（least common multiple）：最小公倍数，GCD（greatest common divisor）：最大公約数

【例題 6-4】 RSA というアルゴリズムを使って，送信する数字（平文）と公開鍵と秘密鍵を求めて，公開鍵暗号方式の通信をしてみよう。 rei6-4

〈計算例〉

送信する数値（平文）＝17

（1） N を求める

$N = p \times q = 5 \times 11 = 55$

（2） F を求める

$F = LCM(p-1, q-1) = LCM(5-1, 11-1) = LCM(4, 10) = 20$

（3） E を求める（ただし $1 < E < F$）

$GCD(E, F) = GCD(E, 20) = 1$

（※最大公約数が 1 であるためには E と F がたがいに素でないといけない）

$E = 3$

（4） D を求める（ただし $1 < D < F$）

$D \times E \bmod F = D \times 3 \bmod 20 = 1$

$D = 7$

（※ E と F の最大公約数が 1 であれば D は存在する）

〈送信者のプログラム〉

送信者側のプログラムは A ボタンが押されたら受信者の公開鍵（E, N）を使って，送信するメッセージ（今回は数値の 17）を暗号化して送る。

〈受信者のプログラム〉

受信側のプログラムはメッセージを受信したら，そのメッセージを自分の秘密鍵（D, N）を使って復号して，LED にその数値を表示する。

JavaScript（例題 6-4）

```
let D = 0
let E = 0
let A = 0
let N = 0
let x = 0
let y = 0
y = 0
N = 55
E = 3
D = 7
A = 17
```

```
radio.onReceivedNumber(function (receivedNumber) {
  y = receivedNumber ** D % N
  basic.showNumber(y)
})

input.onButtonPressed(Button.A, function () {
  x = A ** E % N
  basic.showNumber(A)
  radio.sendNumber(x)
})
```

6.4 エラー検出

ここでは，教材プログラムの利用を通して，データの誤りを検出する方法の一つであるパリティチェックについて学ぶ。

【例題 6-5】 つぎのプログラムは，エラー検出（パリティチェック：偶数パリティ）を行う教材プログラムである。rei6-5 教材を実行して，A，B ボタンを押したとき，どのように実行されるか確かめてみよう（**図 6.8**）。

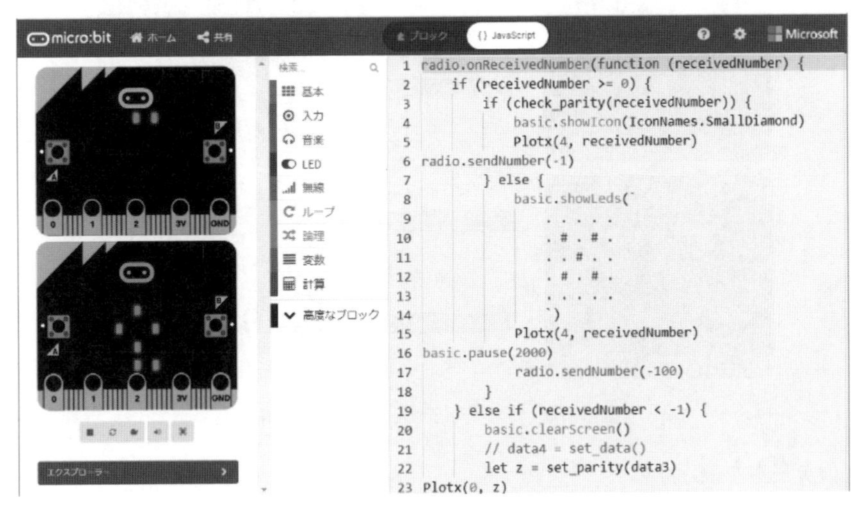

図 6.8 シミュレータ画面

〈プログラムの考え方〉

micro:bit を 2 台用意し，1 台からデータをパリティ付きで送信する。もう 1 台の受信側 micro:bit では，受信したデータを確認し，パリティがあっていれば，「◇」を表示し，パリティがあっていなければ「×」を表示し，再送要求を返信する。

なお，LED 点灯は「1」で，消灯は「0」を表している。LED の 1 行目は送信データ，5 行目は受信データを表示する。

A ボタンが押されたとき（正しいデータの通信手順（図 6.9））

1）データにパリティを付けて，正しいデータを送信する。

2）送信データが正しい（◇）を表示する。

3）送信データを表示する。

B ボタンが押されたとき（誤ったデータの通信手順（図 6.10））

1）データにパリティを付けて，誤ったデータを送信する。

2）送信データに誤り（×）を表示する。

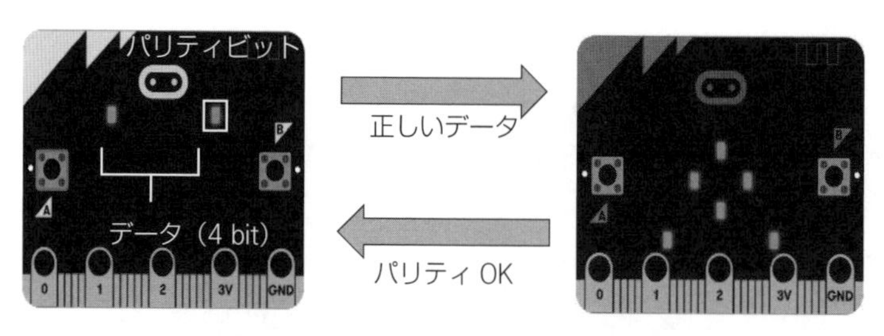

図 6.9　パリティチェック（正常通信）

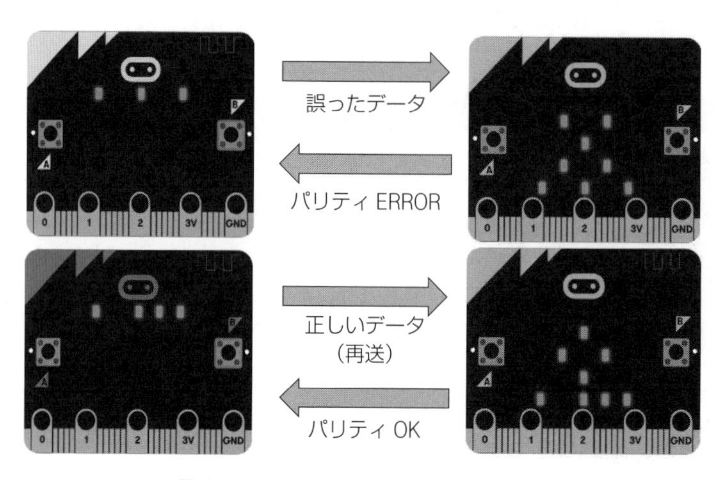

図 6.10　パリティチェック（異常通信）

3）　送信データを表示する。

4）　データの再送を要求する。

5）　正しいデータが送信されれば，その手順を繰り返す。

〈データのフォーマット〉

通信するデータのフォーマットは**図 6.11** のようになっている。

データが正の値の場合，送信データであり，データが下位の 5 ビットがデータであり，最下位ビットがパリティビットとなる。負の値の場合は返信データであり，値が −1 の場合は，受信したデータのパリティが正しい。−100 の場合は，パリティが誤っていたことを表す。

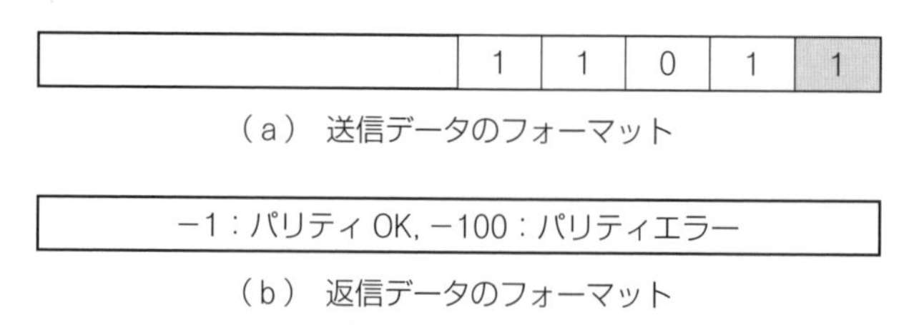

（a）　送信データのフォーマット

（b）　返信データのフォーマット

図 6.11　データフォーマット

JavaScript（例題 6-5）

```
let data3 = 0
radio.setGroup(1)
radio.onReceivedNumber(function
(receivedNumber) {
  if (receivedNumber >= 0) {
    if (check_
    parity(receivedNumber)) {
      basic.showIcon(IconNames.
      SmallDiamond)
      Plotx(4, receivedNumber)
      radio.sendNumber(-1)
    } else {
      basic.showLeds(`
        . . . . .
        . # . # .
        . . # . .
        . # . # .
        . . . . .
        `)
      Plotx(4, receivedNumber)
      basic.pause(2000)
      radio.sendNumber(-100)
    }
  } else if (receivedNumber < -1) {
    basic.clearScreen()
    //data4 = set_data()
    let z = set_parity(data3)
    Plotx(0, z)
    radio.sendNumber(z)
  }
})

input.onButtonPressed(Button.A,
function () {
  basic.clearScreen()
  let data2 = set_data()
  let x = set_parity(data2)
  Plotx(0, x)
  radio.sendNumber(x)

})

input.onButtonPressed(Button.B,
unction () {
  basic.clearScreen()
  data3 = set_data()
  let y = set_parity(data3)
  y = Rev(y, Math.randomRange(0, 5))
  Plotx(0, y)
  radio.sendNumber(y)
})
```

```
function set_data(): number {
  let data = 0
  for (let n = 0; n < 4; n++) {
    data = data + Math.
    randomRange(0, 1)
    data = data << 1
  }
  return data
}
function set_parity(n: number):
number {
  let c = 0
  let m = n
  for (let i = 0; i < 5; i++) {
    if (m % 2 == 1) c++
    m = m >> 1
  }
  if (c % 2 != 0) {
    n = n + 1
  }
  return n
}
function check_parity(n: number):
boolean {
  let d = 0
  for (let j = 0; j < 5; j++) {
    if (n % 2 == 1) d++
    n = n >> 1
  }
  if (d % 2 == 0) return true
  else return false
}
function Rev(x: number, c: number)
{
  let a = 1
  a = a << (c - 1)
  if ((a & x) == 0) {
    return a | x
  } else {
    return (a ^ 31) & x
  }
}
function Plotx(k: number, n:
number) {
  for (let l = 4; l >= 0; l--) {
    if (n % 2 == 1) {
      led.plot(l, k)
    }
    n = n >> 1
  }
}
```

——演　習　問　題——

【6-1】 練習 6-1 において，受信した直後に文字列「world」を送り返すと，どのような結果になるかを確かめてみよう。また，どんな場合に不具合が起こるかを考えてみよう（**図 6.12**）。 ens6-1

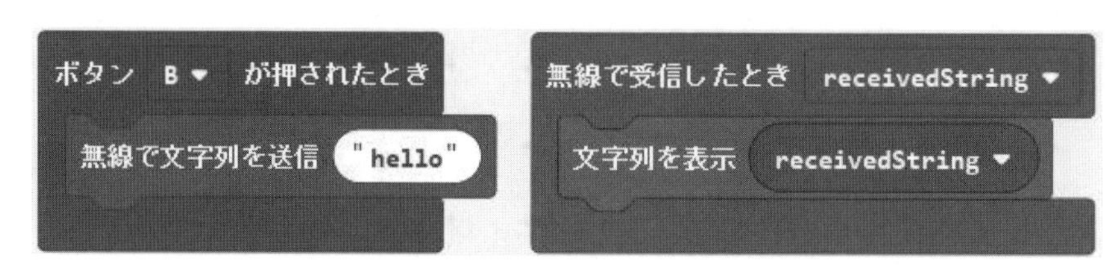

図 6.12　ブロックのプログラム

【6-2】 例題 6-4 の公開暗号方式において，送信する数字（平文）と公開鍵と秘密鍵を変えて，公開鍵暗号方式の通信してみよう。

例えば，p＝7，q＝19 として，公開鍵と秘密鍵を求める。

$N = p \times q = 7 \times 19 = \boxed{}$

$F = LCM(p-1, q-1) = LCM(\boxed{}, \boxed{}) = \boxed{}$

$GCD(E, F) = GCD(E, \boxed{}) = 1$

（※最大公約数が 1 であるためには E と F がたがいに素でないといけない）

$E = \boxed{}$

$D \times E \bmod F = D \times \boxed{} \bmod \boxed{} = 1$

$D = \boxed{}$

（※ E と F の最大公約数が 1 であれば D は存在する）

平文 A は A＜N となる整数であればよい。

【6-3】 例題 6-5 のプログラムを奇数パリティになるように変更してみよう。変更箇所は set_parity 関数内の変数「c」の値（送信するデータの 1 の数）が偶数なら n に 1 を足すようにすればよい。また同様に check_parity 関数についても，奇偶判定を変更する。 ens6-3

JavaScript（演習問題 6-3）

```
function set_parity(n: number): number {
  let c = 0
  let m = n
  for (let i = 0; i < 5; i++) {
    if (m % 2 == 1) c++
    m = m >> 1
  }
  if (c % 2 != 0) { // 送信するデータの 1 の数が奇数なら 1 足す
    n = n + 1
  }
  return n
}
```

7. 総　合　問　題

この章では，４章から６章の例題や練習，演習問題で取り扱った問題を発展的な課題として，取りあげる。

7.1 信号機（スクランブル交差点）

4章の演習問題4-2で考えたタイミング図に合わせてスクランブル交差点の信号機のプログラムを具体的に作成してみよう（**表7.1**）。

表7.1　ブロックのプログラム

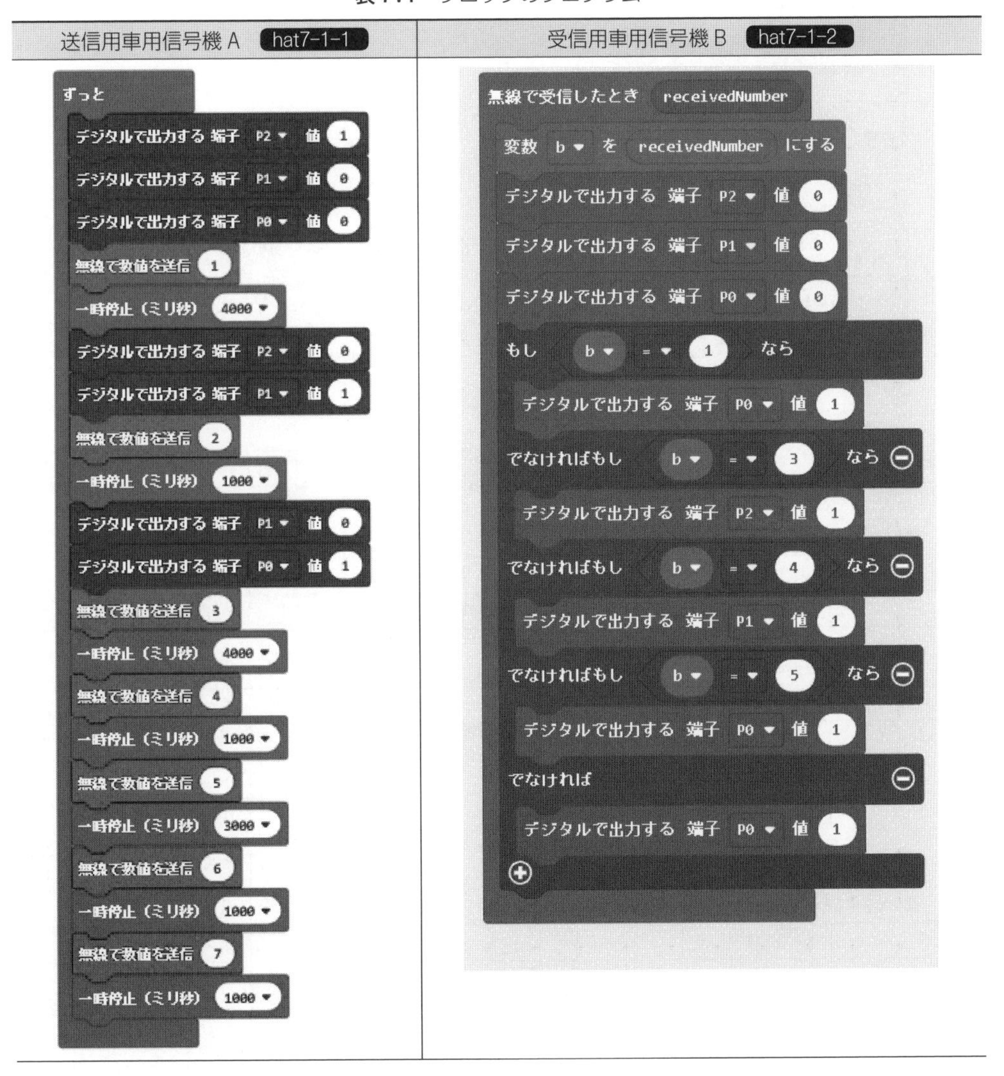

表 7.1　（つづき）

<table>
<tr><th>歩行者用信号機 C　hat7-1-3</th><th></th></tr>
<tr><td>
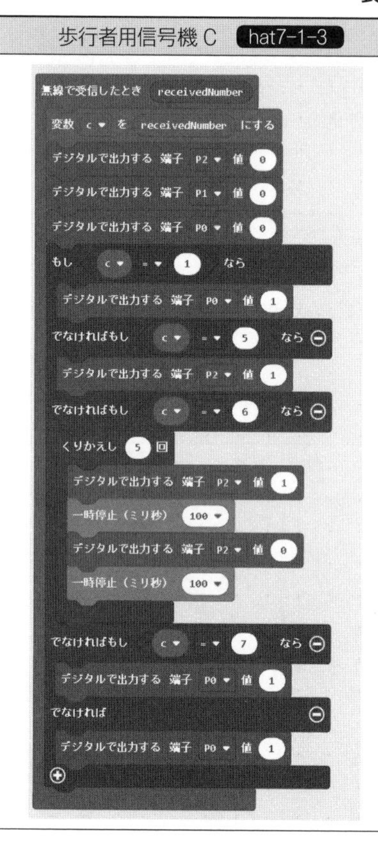

</td><td>
紙面の統合で，三つのプログラム例には「最初だけ」のブロックで「無線のグループを設定」のプログラムの部分は掲載していない。

図 7.1 に各端子におけるタイミング図を示す。なお，色の塗られていない空白の箇所は，OFF（0）である。
また，歩行者信号ではメッセージの 6 を受け取ると，緑を点滅させるため，1 秒間で 5 回 ON/OFF を繰り返すようにしている。
</td></tr>
</table>

			4 秒				1 秒	4 秒				1 秒	3 秒			1 秒	1 秒
送信用車用信号機 A		0	1				2	3				4	5			6	7
P2	緑	1	1				0										
P1	黄	0					1	0									
P0	赤	0						1									

			4 秒				1 秒	4 秒				1 秒	3 秒			1 秒	1 秒
受信用車用信号機 B		0	1				2	3				4	5			6	7
P2	緑	0						1									
P1	黄	0										1					
P0	赤	0	1				1						1			1	1

			4 秒				1 秒	4 秒				1 秒	3 秒			1 秒	1 秒
歩行者用信号機 C		0	1				2	3				4	5			6	7
P2	緑	0											1			1/0	
P1	黄	0															
P0	赤	0	1				1	1				1					1

図 7.1　各端子におけるタイミング図

7.2 じゃんけんゲーム（3 人対戦）

例題 4-3 のじゃんけんゲームを 3 人でできるように変更してみよう（**図 7.2**）。

hat7-2

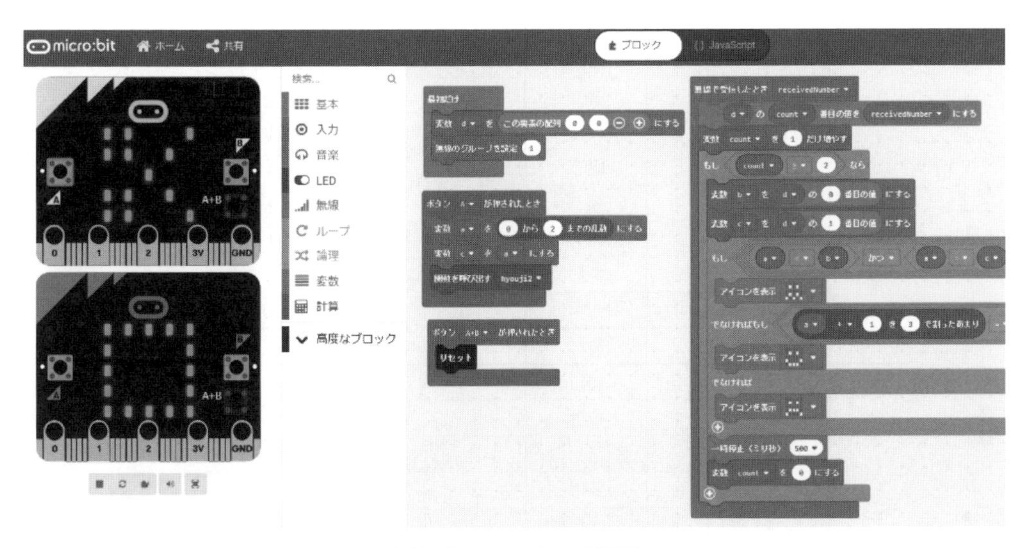

図 7.2 シミュレータ画面

3 人のじゃんけんで，勝敗を判定する方法を考えよう。3 人でじゃんけんをする場合は出る手の場合の数は，$3 \times 3 \times 3 = 27$ 通りある。27 通り，それぞれについて，勝敗を判定するプログラムを書くのは大変なので，結果から考える。

じゃんけんの結果は，勝つか負けるか引き分けの三つである。27 通りの場合を，この三つの結果にいかに割り当てるかを考える。

〔1〕 数字からじゃんけんの勝敗を考える

例題 4-3 では，グー，チョキ，パー，それぞれの手に，0，1，2 の数字を割り当てている。自分が勝つ場合を数値でどのように表せるか考えよう。

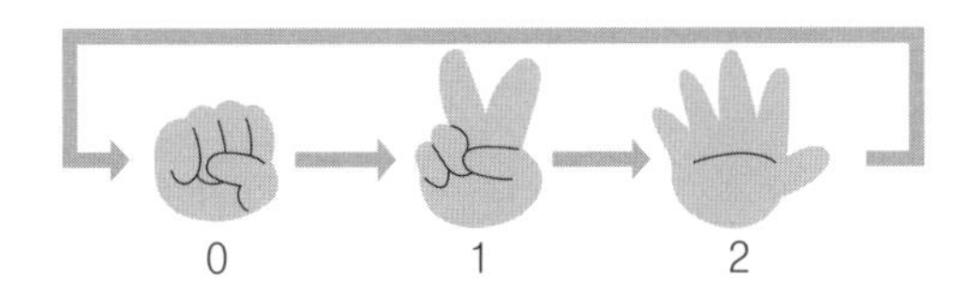

図 7.3 じゃんけんの手と勝敗

図 7.3 から，相手の手が自分の手のすぐ右隣の手なら勝ち，左隣なら負けといえる。これを式で書くと

自分の手 A，相手の手 B とすると，以下のとおりである。

$(A+1) \% 3=B$ ならば 勝ち

$(A+2) \% 3=B$ ならば 負け

表 7.2 は 3 人の手と場合分けと，それぞれの手のときの勝敗を表している。引き分け，勝ち，負けのときの条件を考えてみよう。

表 7.2　じゃんけんの判定表（1）

				A	対 B		対 C	
	A	B	C	A	(A+1)%3	(A+2)%3	(A+1)%3	(A+2)%3
グー (0)	0	0	0	引き分け	1	2	1	2
	0	0	1	勝ち	1	2	1	2
	0	0	2	負け	1	2	1	2
	0	1	0	勝ち	1	2	1	2
	0	1	1	勝ち	1	2	1	2
	0	1	2	引き分け	1	2	1	2
	0	2	0	負け	1	2	1	2
	0	2	1	引き分け	1	2	1	2
	0	2	2	負け	1	2	1	2
チョキ (1)	1	0	0	負け	2	0	2	0
	1	0	1	負け	2	0	2	0
	1	0	2	引き分け	2	0	2	0
	1	1	0	負け	2	0	2	0
	1	1	1	引き分け	2	0	2	0
	1	1	2	勝ち	2	0	2	0
	1	2	0	引き分け	2	0	2	0
	1	2	1	勝ち	2	0	2	0
	1	2	2	勝ち	2	0	2	0
パー (2)	2	0	0	勝ち	0	1	0	1
	2	0	1	引き分け	0	1	0	1
	2	0	2	勝ち	0	1	0	1
	2	1	0	引き分け	0	1	0	1
	2	1	1	負け	0	1	0	1
	2	1	2	負け	0	1	0	1
	2	2	0	勝ち	0	1	0	1
	2	2	1	負け	0	1	0	1
	2	2	2	引き分け	0	1	0	1

〔2〕 条件式の実装

先に考えた条件式を，例えば，引き分けの条件式を先に書くと，if 文全体が見やすくなる。

```
if(A==B && A==C && B==C) || (A!=B && A!=C && B!=C) {
    引き分け
} else if((A+1)%3==B)) || ((A+1)%3==C)) {
    勝ち
} else {
    負け
}
```

JavaScript

```
let a = 0
let b = 0
let c = 0
let count = 0
let d: number[] = []
d = [0, 0]
radio.setGroup(1)

radio.onReceivedNumber(function (receivedNumber) {
  d[count] = receivedNumber
  count += 1
  if (count >= 2) {
    b = d[0]
    c = d[1]
    if (a == b && a == c && b == c || a != b && a != c && b != c) {
      basic.showIcon(IconNames.Confused)
    } else if ((a + 1) % 3 == b || (a + 1) % 3 == c) {
      basic.showIcon(IconNames.Happy)
    } else {
      basic.showIcon(IconNames.Sad)
    }
    basic.pause(500)
    count = 0
  }
})

input.onButtonPressed(Button.A, function () {
  a = Math.randomRange(0, 2)
  c = a
  hyouji2()
})

input.onButtonPressed(Button.AB, function () {
  control.reset()
})

input.onButtonPressed(Button.B, function () {
  radio.sendNumber(a)
})

function hyouji2() {
  if (c == 0) {
    basic.showIcon(IconNames.SmallDiamond)
  } else if (c == 1) {
    basic.showIcon(IconNames.Scissors)
  } else {
    basic.showIcon(IconNames.Square)
  }
}
```

先のプログラムでは，3台のmicro:bitで，じゃんけんするとき，ほかの2台のmicro:bitからのじゃんけんの手が確実に1回で送られてくることを想定して通信処理を行っている。

このような処理をしていると，例えば，だれかが誤って，2回Bボタン（送信ボタン）を押したときにうまく処理されないことになる。より確実に3台の間で通信を行えるようにプログラムを変更する必要がある。

この章のほかのプログラムを例に3人で確実にじゃんけんゲームができるようにプログラムを変更してみよう。例えば，確実な通信を行うためには，送信メッセージにハンドシェイクのための情報を付加する必要があり，どのmicro:bitが受け取ってくれたかを確認するためには，アドレスの情報を付加する必要がある（**表7.3**）。

表7.3　じゃんけんの判定表（2）

				A	B	C	
	A	B	C	(A-B+3)%3	(B-C+3)%3	(C-A+3)%3	
グー(0)	0	0	0	0	0	0	引き分け
	0	0	1	0	2	1	1人負け
	0	0	2	0	1	2	1人勝ち
	0	1	0	2	1	0	1人負け
	0	1	1	2	0	1	1人勝ち
	0	1	2	2	2	2	引き分け
	0	2	0	1	2	0	1人勝ち
	0	2	1	1	1	1	引き分け
	0	2	2	1	0	2	1人負け
チョキ(1)	1	0	0	1	0	2	1人負け
	1	0	1	1	2	0	1人勝ち
	1	0	2	1	1	1	引き分け
	1	1	0	0	1	2	1人勝ち
	1	1	1	0	0	0	引き分け
	1	1	2	0	2	1	1人負け
	1	2	0	2	2	2	引き分け
	1	2	1	2	1	0	1人負け
	1	2	2	2	0	1	1人勝ち
パー(2)	2	0	0	2	0	1	1人勝ち
	2	0	1	2	2	2	引き分け
	2	0	2	2	1	0	1人負け
	2	1	0	1	1	1	引き分け
	2	1	1	1	0	2	1人負け
	2	1	2	1	2	0	1人勝ち
	2	2	0	0	2	1	1人負け
	2	2	1	0	1	2	1人勝ち
	2	2	2	0	0	0	引き分け

7.3 ハノイの塔（複数台による表示）

関数 `hanoi` 内の表示処理を変更し，処理が進んでいく状況が，LED で確認できるように，micro:bit を複数台使って，工夫してみよう（**図 7.4**）。hat7-3-1，hat7-3-2

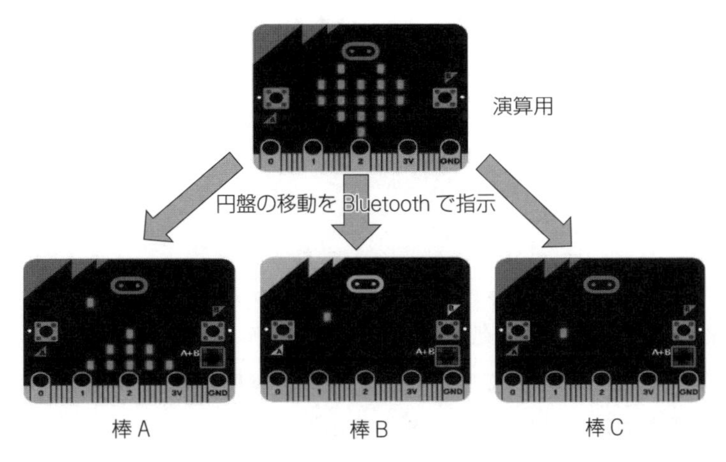

図 7.4　円盤を動かす表示の例

hanoi の塔の表示処理を 4 台の micro:bit で処理するプログラムの解答例を示す。4 台の micro:bit の役割は 1 台が関数 `hanoi` を再帰的に実行する演算用 micro:bit であり，残りの 3 台はそれぞれ A，B，C の各棒の状態を表示する表示用 micro:bit である。

図 7.4 では，左端の棒 A に 3 枚の円盤がある初期状態を表している。表示用 micro:bit は，0 列目の LED の点灯位置で，どの棒の表示用かがわかるようになっている。演算用 micro:bit で，円盤を動かす処理を実行するとき，対象となる表示用 micro:bit に Bluetooth で通信し，円盤を動かす表示処理が行われる。

- **表示用 micro:bit のプログラム**

表示用 micro:bit のプログラムについて説明する。なお，変数の宣言やプログラムの一部を省略して掲載している。

〔1〕 通 信 処 理

演算用 micro:bit から Bluetooth 経由で，数値を受け取る。受け取った数値の 100 の位が自分の番号（mynum：1 ～ 3）と等しければ，自分への円盤移動命令なので円盤を動かす処理をする。円盤を動かす処理には二つあり，受け取った数値の 10 の位が 1 なら `push`（つまり円盤をその棒に置く），10 の位が 2 なら pop（つまり円盤を取り去る）処理をする。さらに，命令が push の場合，1 の位が円盤の大きさ（番号）を示しているので，その大きさの円盤を置く。

JavaScript
```
radio.onReceivedNumber(function (receivedNumber) {
  data = receivedNumber
  if (Math.floor(data / 100) == mynum) {
    cmd = Math.floor(data % 100 / 10)
    n = Math.floor(data % 10)
    if (cmd == 1) {
      push(n)
    } else if (cmd == 2) {
      pop2()
    }
  }
})
```

〔2〕 **円盤を棒から取り去る処理**（pop）

配列 bar には，その棒に置いてある円盤の番号が格納されている。配列を探索し，一番上にある円盤を取り去る（円盤オブジェクトを delete する）。

JavaScript
```
function pop2() {
  for (let j = 0; j <= 5- 1; j++) {
    if (bar[j] != 0) {
      o = bar[j]
      if (o == 1) {
        bo2 = board1
      } else if (o == 2) {
        bo2 = board3
      } else if (o == 3) {
        bo2 = board5
      }
      bar[j] = 0
      for (let k = 0; k <= bo2.length-1;k++) {
        bo2[k].delete()
      }
      break
    }
  }
}
```

〔3〕 **円盤を棒に置く処理**（push）

関数 push は引数 n で示される大きさの円盤をその棒に置く。まず，大きさ n の円盤のためのオブジェクト（board）を生成する。つぎにその円盤のオブジェクトを上から順番に下げて表示していく。配列 bar にいま置いた円盤の大きさ n をセットする。

〈game.LedSprite オブジェクト〉

LedSprite オブジェクトは，micro:bit でゲームなどを作るときに，利用されるオブジェクトで，LED をゲームのキャラクタとして扱えるように，その位置や，点灯状態などをオブジェクト内に保持できる。

今回は円盤をこの LedSprite の配列として処理をしている。

JavaScript

```
function push(n: number) {
  let bo: game.LedSprite[] = []
  if (n == 1) {
    board1 = [game.createSprite(2, 0)]
    bo = board1
  }
  else if (n == 2) {
  board3 =
    [game.createSprite(1, 0),
    game.createSprite(2, 0),
    game.createSprite(3, 0)]
    bo = board3
  }
  else if (n == 3) {
  board5 =
    [game.createSprite(0,0),
    game.createSprite(1,0),
    game.createSprite(2, 0),
    game.createSprite(3, 0),
    game.createSprite(4, 0)]
    bo = board5
  }
  for (let i = 0; i < 5; i++) {
    if (i != 0 && bar[i] == 0) {
      down(bo)
      if (i == 4) {
        bar[i] = n
      }
      else if (bar[i + 1] != 0) {
        bar[i] = n
        break
      }
    }
  }
}
```

• 演算用 micro:bit のプログラム

演算用プログラムは練習 5-5 のプログラムの関数 hanoi に，表示用 micro:bit への通信機能を追加する。以下は通信機能を追加した関数 hanoi のリストである。

関数 send_pop は引数 bar で示された棒の micro:bit に，円盤を取り去るコマンド（pop）を送る。send_push は引数 bar で示された棒の micro:bit に，引数 n の大きさの円盤を置くコマンド（push）を送る。

JavaScript

```
function send_pop(bar: number) {
  let msg = (bar * 100) + 20
  radio.sendNumber(msg)
}
function send_push(bar: number, n: number) {
  let msg = (bar * 100) + 10 + n
  radio.sendNumber(msg)
}
function hanoi(n: number, a: number, b: number) {
  if (n > 1) {
    hanoi(n - 1, a, 6 - a - b)
  }
  basic.showIcon(IconNames.Heart)
  basic.pause(1000)
  basic.showNumber(n)
  basic.pause(500)
  basic.showString(String.fromCharCode(64 + a))
  basic.pause(500)
  basic.showArrow(ArrowNames.South)
  basic.pause(500)
  basic.showString(String.fromCharCode(64 + b))
  basic.pause(500)
  basic.clearScreen()
  send_pop(a)
  send_push(b, n)
  if (n > 1) {
    hanoi(n - 1, 6 - a - b, b)
  }
}
```

〈**実行結果**〉

円盤が3枚の場合の実行の様子を**図7.5**に示す。上段が演算用 micro:bit，下段の左から棒A，棒B，棒Cである。それぞれの micro:bit の左端列（y = 0）の1行目（x = 0），2行目（x = 1），3行目（x = 2）のLEDを点灯させせることによって区別している。

実際の実行は，練習5-5で確認したように，演算用 micro:bit（上段）に移動の手順が表示される。その手順に従って，それぞれの円盤に見立てたLEDが，上から下へ移動していく。

なお，LEDは一列に5個しかないので，一番上の小さい円盤は「・・●・・」，つぎの円盤は「・●●●・」，一番下の大きい円盤は「●●●●●」で表示している。したがって，図（a）は，棒Aに円盤が三つとも点灯しているので移動前で，図（b）は，棒Cに円盤が三つとも点灯しているので，移動が完了した状態である。

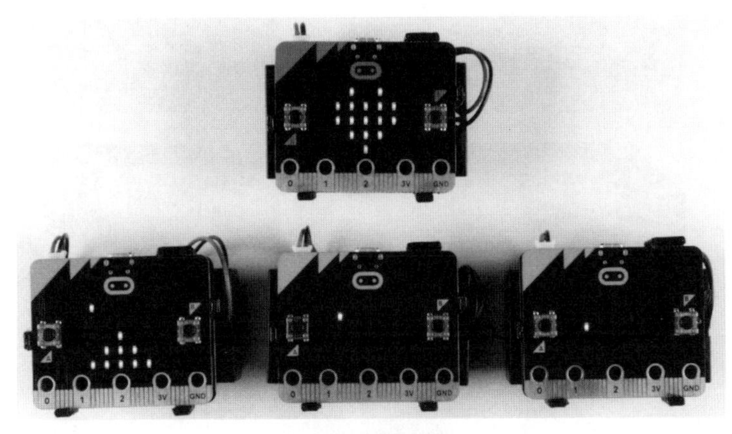

（a） 移動前

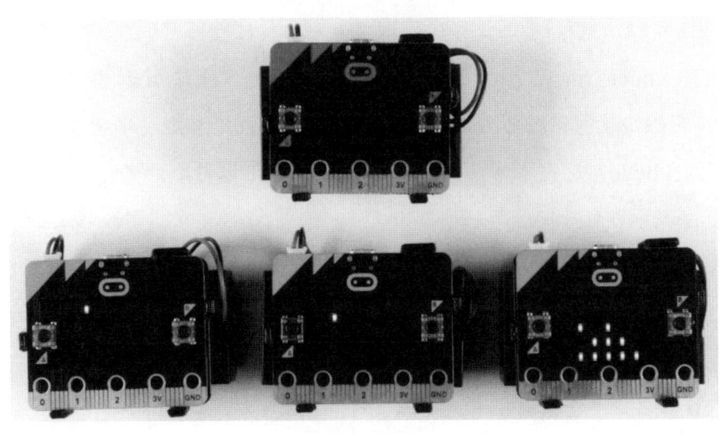

（b） 移動後

図7.5 ハノイの塔

7.4 通信プログラム（不具合問題）

演習問題 6-1 の通信プログラムについて，さらに考えてみよう。

〔**1**〕 2 台の micro:bit にプログラムをダウンロードして，1 台の micro:bit で続けて，2 回 A ボタンを押してみたり，2 台の micro:bit で同時に B ボタンを押して，そのときにおこる現象（不具合）について観察してみよう（**表 7.4**）。

表 7.4　通信プログラムの不具合

	2 回続けて B ボタンを押す	同時に B ボタンを押す
送信側	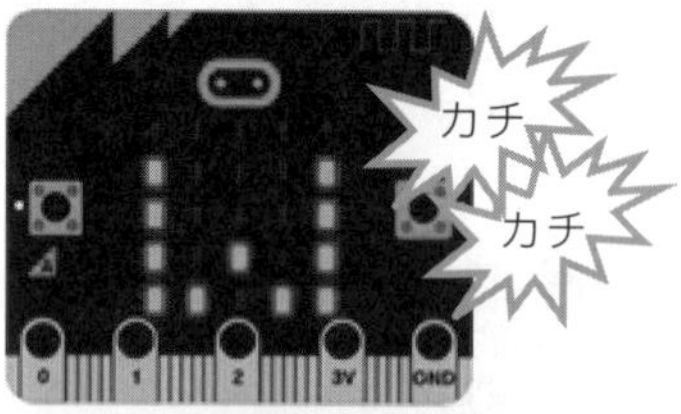 カチ カチ	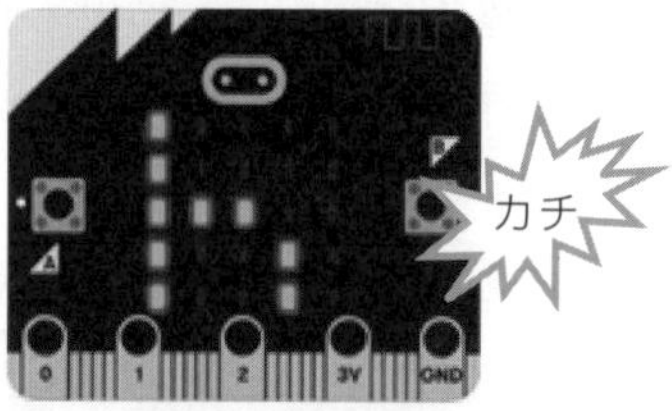 カチ
受信側	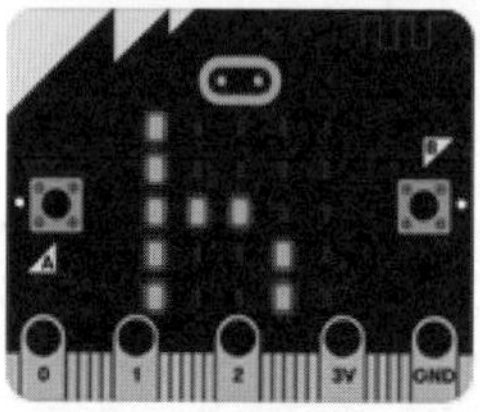	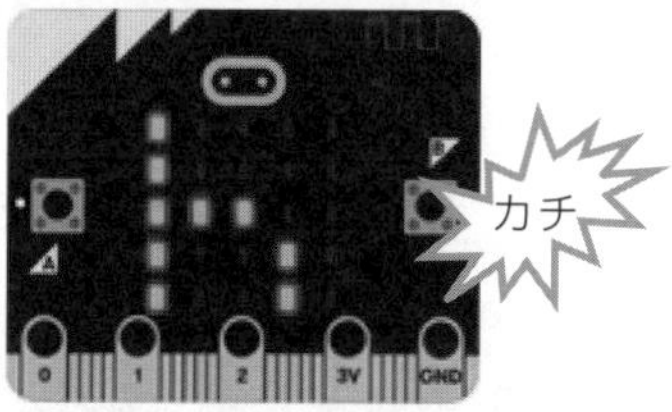 カチ

〔**2**〕 その不具合の原因には，つぎのような理由が考えられる。

1 台の micro:bit で B ボタンを続けて 2 回以上押した場合，本来なら 2 個の返信メッセージを待たないといけないが，そのように処理できるようになっていない。

同時に両方の micro:bit で B ボタンを押した場合，両方が返答（アクノリッジ：Acknowledge）を待つ状態になるので，相手から送信されてきた文字を返答だと思い，送られてきた文字列「hello」を表示するだけで返答を相手に返さないので，どちらの micro:bit にも「world」が表示されない。

〔**3**〕 これらの問題は送られてくるメッセージが最初の送信なのか，返信なのかを識別できれば解決できる。これは，実際の通信プロトコルでもよく使われている手法で，送信側と受信側で，メッセージに情報を付加して同期をとる。これらの問題を解決するために，つぎに示す**図 7.6** のヒントをもとに考えてみよう。

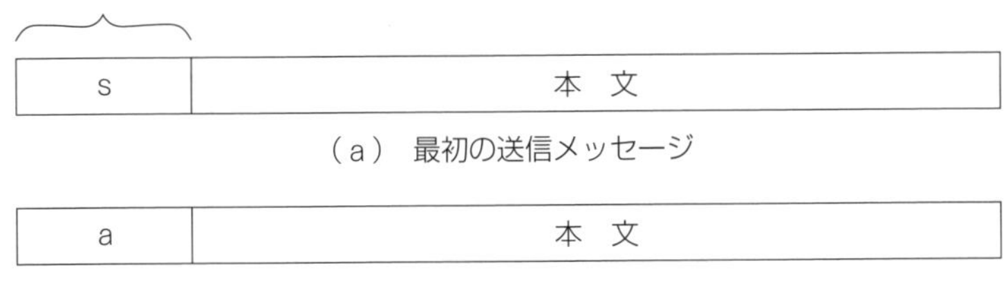

ここでは，最初の送信メッセージの前に，「s」（Synchronize）をつけて送り，応答メッセージの場合は文字「a」（Acknowledge）をつけて送ることとする。

図 7.6 メッセージのフォーマット

〔**4**〕 演習問題 6-1 の通信プログラムを，つぎの説明に基づき変更してみよう。 hat7-4

このプログラムでは，本来，送るメッセージの前に「s」を付加して，送信する。受信側では，送られてきたメッセージ（receivedString）の 1 文字目が「s」なら，LED に表示したあと，文字「a」を付加して返信する。1 文字目が「s」でないなら，返信メッセージなので，LED に表示し，返信はしない。

JavaScript

```
let sstring = ""
radio.setgroup(1)

input.onButtonPressed(Button.B, function () {
  sstring = "s" + "hello"
  radio.sendString(sstring)
})

radio.onReceivedString(function (receivedString) {
  if (receivedString[0] == "s") {
    basic.showString(receivedString.substr(1, receivedString.length - 1))
    sstring = "a" + "world"
    radio.sendString(sstring)
  } else {
    basic.showString(receivedString.substr(1, receivedString.length - 1))
  }
})
```

付録１　情報教育の動向と情報科教育

〔1〕 新学習指導要領

2017（平成 29）年 3 月には小学校・中学校，2018（平成 30）年 3 月には高等学校の学習指導要領が告示された。情報教育に関連する部分の概要は，以下のとおりとなっている。

○小学校の学習指導要領

情報活用能力の育成のための学習活動には，『情報手段の基本的な操作の習得や，プログラミング的思考，情報モラル，情報セキュリティ，統計等に関する資質・能力等も含むものである』と記述されている。また，これを確実に育んでいくためには，『各教科等の特質に応じて適切な学習場面で育成を図ることが重要である』とも記述されている。さらに，時代を超えて普遍的に求められるプログラミング的思考は，『自分が意図する一連の活動を実現するために，どのような動きの組合せが必要であり，一つ一つの動きに対応した記号を，どのように組合せたらいいのか，記号の組合せをどのように改善していけば，より意図した活動に近づくのか，といったことを論理的に考えていく力』とされている。

○中学校の学習指導要領

技術・家庭科の技術分野では，『プログラムに関わる問題を見いだして課題を設定する力，プログラミング的思考等を発揮して解決策を構想する力，処理の流れを図などに表し試行等を通じて解決策を具体化する力などの育成」，さらに，…（省略）…「ディジタル作品の設計と制作」に関する内容について，プログラミングを通して学ぶ，制作するコンテンツのプログラムに対して「ネットワークの利用」及び「双方向性」の規定を追加している』と記述されている。

○高等学校の学習指導要領

共通教科情報科に必履修科目「情報Ⅰ」が新設され，プログラミング，ネットワーク（情報セキュリティを含む）やデータベース（データ活用）の基礎等の内容が必修化されるとともに，データサイエンス等に関する内容が増えている。また，各教科等で，コンピュータ等を活用した学習活動も増えている。

また，高等学校の学習指導要領の解説書[10)]が，2018 年 7 月に公表された。小学校・中学校については，2020 年 4 月から，高等学校については，2022 年から，新学習指導要領に基づいた教育が始まる。

〔2〕 共通テストと「情報科目」

新学習指導要領は，情報教育の充実は大きなテーマの一つであるが，教職課程の再課程認定や高大接続（共通テストに「情報科目」の導入検討）とも連動し，いままでの学習指導要領改訂にはない，大きな改訂となっている。

つぎに，「情報科目」の導入検討の動きについて示しておく。

○ 2018 年 5 月 17 日：未来投資会議（議事要旨における首相発言）

- 入試においても，国語，数学，英語のような基礎科目として，情報科目を追加，文系，理系を問わず理数の学習を促していく。

○ 2018 年 6 月 4 日：未来投資会議（未来投資戦略 2018（素案）本文）

- 大学入試共通テストにおいて，国語，数学，英語のような基礎科目として必履修科目「情報 I」（コンピュータの仕組み，プログラミング等）を追加
- 文系も含めてすべての大学生が一般教養として数理・データサイエンスを履修できるよう，標準的なカリキュラムや教材の作成・普及を進める。

○ 2018 年 6 月 5 日：Society 5.0 に向けた人材育成（大臣懇談会）（概要）[11]

- 大学入学共通テスト（2024 ～）で,「情報」を出題科目に追加することについて検討を開始する。
- 小中高を通じてデータサイエンスや統計教育を充実する。
- 免許制度の在り方を見直す：経験年数や専門分野などに応じて特定教科の免許状を弾力的に取得できるようにする。

○ 2018 年 7 月 17 日：大学入試センター

- 大学入試センターが，教科「情報」における CBT を活用した試験の開発に向け，今後の検証に活用するため，具体的な問題素案を広く募集した[12]。

〔3〕 STEM 教育と情報科教育

STEM 教育は，1990 年代にアメリカ国立科学財団が使い始めた言葉に基づくものでありであり，science（科学），technology（技術），engineering（工業），mathematics（数学）を中心とした教育の考え方である。STEM 教育は，世界的に注目を浴びている教育であるが，わが国においては，Society 5.0 に向けて取り組むべき政策の方向性の中で，高等学校卒業から社会人において，教育における STEAM やデザイン思考の必要性が指摘されている[†1]。

なお，STEAM 教育の「A」は，art（芸術）を含めた教育で，この STEAM 教育の考え方は，初等・中等教育，さらに，高等教育における，情報教育や情報科教育に影響を与え，STEAM を意識した教育が始まるのではないかとも考えられる。STEM 教育のために開発された micro:bit は，高等学校情報科のプログラミング教育には利用しやすいものであり，筆者らは，情報技術や情報科学の基礎を学ぶことができると考えている[13)～18)]。さらには，小学校から高等学校までの一貫した情報教育や情報科教育の在り方を考えることにもなる。

付録 2　Python での利用

micro:bit には Python の開発環境も用意されており，ブラウザ上でプログラムの開発が可能である。ここでは Python の開発環境の簡単な使い方を紹介する。

〔1〕　プログラムの新規作成

まず，micro:bit の Python の開発環境である下記のサイトへアクセスする。

https://python.microbit.org/

アクセスすると，**付図 2.1** のように，あらかじめ簡単なプログラムが入力されたエディタ画面が表示される。このコードを編集して自分のプログラムを作成する。

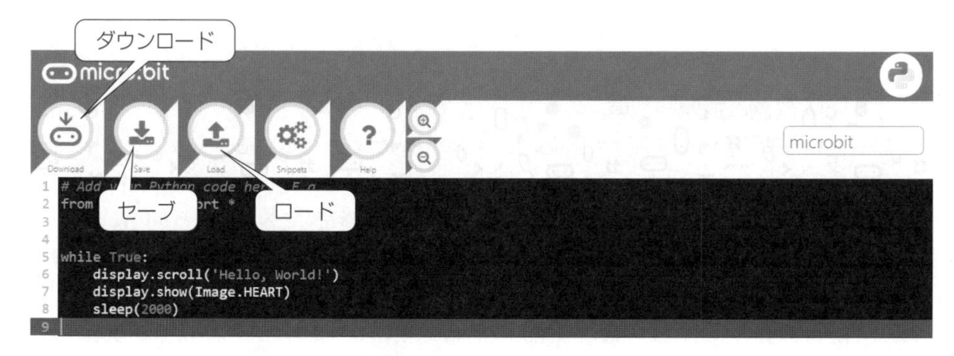

付図 2.1　Python 開発環境

よく利用するボタンは左側からつぎのようになっている。

［ダウンロード］

編集画面に表示されているプログラムを実行形式のファイル（.hex）としてローカル PC にダウンロードする。

［セーブ］

編集画面に表示されているプログラムのソースコードを Python のファイルとしてローカル PC にセーブする。

［ロード］

ローカル PC 上のソースファイル（.py）または実行形式のファイル（.hex）をエディタ上にロードする。ここにロードできる実行形式のファイルは Python で書かれたものだけである。

エディタ上で編集したプログラムを micro:bit で実行するためには，ダウンロードボタンを押して，実行形式のファイル（.hex）をローカル PC に保存し，その実行ファイルを micro:bit にロードする。

例えば，本書の例題 1-1 と同じようにハートマークが点滅するプログラムを Python で記述すると**付図 2.2** のようになる。

```
1 # Add your Python code here. E.g.
2 from microbit import *
3
4
5 while True:
6     display.show(Image.HEART)
7     sleep(500)
8     display.clear()
9     sleep(500)
```

付図 2.2　Python プログラムの編集

このプログラムを実行形式のファイルとして保存し，micro:bit にロードすると，micro:bit でハートマークが点滅する。また，編集したファイルを Python のソースコードとして保存しておく場合は Save ボタンを押して，ローカル PC に保存する。

〔2〕 プログラムのロード

Load ボタンを押すと，**付図 2.3** のようなウィンドウが表示されるので，そこに Python のプログラムか実行形式のファイルをドラッグすると，ロードしたプログラムが編集可能になる（**付図 2.4**）。

付図 2.3　プログラムのロード

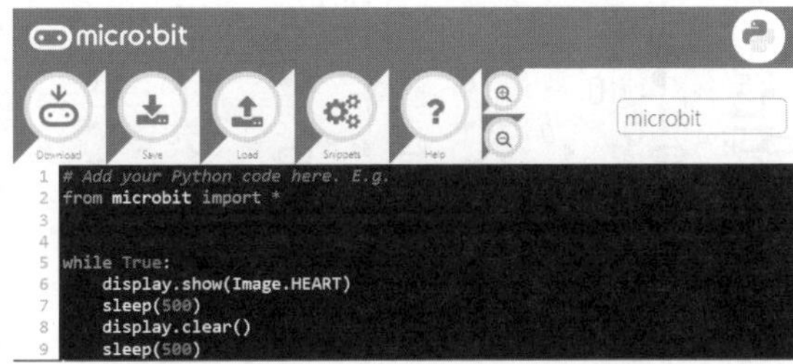

付図 2.4　プログラムロード後の画面

⚠ 注意：

Python プログラムをダウンロードすると，ブロックエディタで作成したファイルと同じ拡張子（.hex）の実行形式のファイルが作成されるが，このファイルはブロックエディタにはロードできない。ダウンロードした実行形式のファイルは，必ず Python の開発環境にロードするようにしてください。

なお，エディタについては，ここで述べた開発環境以外に，「mu エディタ（Code with Mu: a simple Python editor for beginner programmers)」を下記のサイトからダウンロードして，「BBC micro:bit」編集用を利用すると便利である。

mu エディタ　　https://codewith.mu/

付録 3　ブロック，JavaScript，MicroPython 対応表

	ブロック	JavaScript	MicroPython

繰返し
【例題 1-4】
	最初だけ
	変数 x を0～ 4 に変えてくりかえす
	点灯 x x y 4 − x
		For (let x = 0; x <= 4; x++) {　②, ③
		  led.plot(x, 4 - x)　④
		}
			From microbit import *　①
			
			for x in range(0, 5):　②, ③
			  display.set_pixel(x, 4-x, 9)　④

繰返し
【例題 1-6】
	最初だけ
	もし x ≤ 4 ならくりかえし
	点灯 x x y 4 − x
	変数 x を 1 だけ増やす
		let x = 0
		while (x <= 4) {
		  led.plot(x, 4 - x)
		  x += 1
		}
			from microbit import *
			
			x = 0
			while x <= 4:
			  display.set_pixel(x, 4-x, 9)
			  x += 1

分岐
【例題 1-8】
	ずっと
	変数 c を 0 から 2 までの乱数 にする
	数を表示 c
	もし c = 0 なら
	アイコンを表示
	でなければもし c = 1 なら
	アイコンを表示
	でなければ
	アイコンを表示
		let c = 0
		basic.forever(function () {　⑥
		  c = Math.randomRange(0, 2)
		  basic.showNumber(c)　⑦
		  if (c == 0) {
		    basic.showIcon(IconNames.SmallSquare)
		  } else if (c == 1) {
		    basic.showIcon(IconNames.Scissors)
		  } else {
		    basic.showIcon(IconNames.Square)
		  }
		})
			from microbit import *
			import random
			Scissors =　⑤
			Image("99009:99090:00900:99090:99009")
			
			while True:　⑥
			  c = random.randint(0, 2)
			  display.scroll(str(c))　⑦
			  if c == 0:
			    display.show(Image.DIAMOND_SMALL)
			  elif c == 1:
			    display.show(Scissors)
			  else:
			    display.show(Image.SQUARE)
			  sleep(500)

付録 3　（つづき）

	ブロック	JavaScript	MicroPython

関数
【例題 2-1】
	関数 hyouji
	もし c = 0 なら
	アイコンを表示
	でなければもし c = 1 なら
	アイコンを表示
	でなければ
	アイコンを表示
		function hyouji() {
		  if (c == 0) ⑧
		    basic.showIcon(IconNames.SmallDiamond)
		  } else if (c == 1) {
		    basic.showIcon(IconNames.Scissors)
		  } else {
		    basic.showIcon(IconNames.Square)
		  }
		}
			Scissors = ⑤
			Image("99009:99090:00900:99090:99009")
			
			def hyouji():
			  if c == 0: ⑧
			    display.show(Image.DIAMOND_SMALL)
			  elif c == 1:
			    display.show(Scissors)
			  else:
			    display.show(Image.SQUARE)

配列
【例題 2-5】
	最初だけ
	変数 a を この要素の配列 3 2 1 5 4 にする
	変数 i を0～ 4 に変えてくりかえす
	数を表示 a の i 番目の値
	表示を消す
	変数 y を0～ 4 に変えてくりかえす
	変数 x を0～ a の y 番目の値 - 1 に変えてくりかえす
	点灯 x x y y
		let a: number[] = []
		a = [3, 2, 1, 5, 4] ⑨
		
		for (let i = 0; i <= 4; i++) {
		  basic.showNumber(a[i]) ⑦
		}
		basic.clearScreen()
		for (let y = 0; y <= 4; y++) {
		  for (let x = 0; x <= a[y] - 1; x++) {
		    led.plot(x, y)
		  }
		}
			from microbit import *
			
			a = [3, 2, 1, 5, 4] ⑨
			
			for i in range(0, 5):
			  display.scroll(str(a[i])) ⑦
			
			for y in range(0, 5):
			  for x in range(a[y]):
			    display.set_pixel(x, y, 9)

〈JavaScript，MicroPython の特徴と比較〉

① `from microbit import *`　：MicroPython では，micro:bit のすべてのモジュールを取り込む。その他，`import random`，`import math` などがある。
② `for (let i = 0; i <= 4; i++)`　`for i in range(0, 5):`　：MicroPython では，`range(5)`，`range(0,5)`，`range(0,5,1)` の記述ができ，0 から 5 回繰り返す。
③ JavaScript では，`{ }`（始まり，終わり）がある。MicroPython では，始まりは「`:`」，終わりは字下げ（インデント）になっている。
④ `led.plot(x, 4 - x)`　`display.set_pixel(x, 4-x, 9)`　：LED の点灯。MicroPython の最後のパラメータ（9）は，LED の明るさで，0 ～ 9 段階
⑤ `Scissors = Image("99009:99090:00900:99090:99009")`　：MicroPython では，「はさみ」のアイコンがない。LED のパターンを定義している。9 は LED の明るさ。
⑥ JavaScript の `basic.forever(function () { })` は，MicroPython では，`while True`　：真の間，繰り返す。
⑦ `display.scroll(str(c))`，`display.scroll(str(a[i]))`　：MicroPython では，数値は文字列に変換して表示する。
⑧ JavaScript の「`if ～ else if ～ else ～`」は，MicroPython では「`if ～ elif ～ else ～`」
⑨ 配列の初期設定は同じ。JavaScript では，変数の定義（`let`）や配列（数値型や文字型）の定義（`number`，`string`）が必要である。

付録４　JavaScript プログラム集

micor:bit では，ブロックから JavaScript へ自動変換されるが，本書で表示している JavaScript の変数や関数の名称・順序は，自動変換されたプログラムと異なる場合がある。なお，本文中でテキスト文を掲載しているものは，割愛した。

★1章

【例題 1-1】 rei1-1-1

```
basic.showLeds(`
    . # . # .
    # # # # #
    # # # # #
    . # # # .
    . . # . .
    `)
```

rei1-1-2

```
basic.forever(function () {
  basic.showLeds(`
    . # . # .
    # # # # #
    # # # # #
    . # # # .
    . . # . .
  `)
  basic.pause(500)
  basic.clearScreen()
  basic.pause(500)
})
```

【例題 1-2】 rei1-2

```
led.plot(2, 0)
led.plot(2, 1)
led.plot(2, 2)
led.plot(2, 3)
led.plot(2, 4)
```

【例題 1-3】 rei1-3

```
for (let y = 0; y <= 4; y++) {
  led.plot(2, y)
}
```

【練習 1-1】 ren1-1

```
for (let x = 0; x <= 4; x++) {
  led.plot(x, 2)
}
```

【例題 1-4】 rei1-4

```
for (let x = 0; x <= 4; x++) {
  led.plot(x, 4 - x)
}
```

【練習 1-2】 ren1-2

```
for (let x = 0; x <= 4; x++) {
  led.plot(x, x)
}
```

【練習 1-3】 ren1-3-1

```
for (let x = 0; x <= 4; x++) {
  led.plot(x, x)
}
for (let x = 0; x <= 4; x++) {
  led.plot(x, 4 - x)
}
```

ren1-3-2

```
for (let x = 0; x <= 4; x++) {
  led.plot(x, x)
  led.plot(x, 4 - x)
}
```

【例題 1-5】 rei1-5

```
for (let x = 0; x <= 4; x++) {
  for (let y = 0; y <= 4; y++) {
    led.plot(x, y)
    basic.pause(100)
  }
}
```

【例題 1-6】 rei1-6

```
let x = 0
while (x <= 4) {
  led.plot(x, 4 - x)
  x += 1
}
```

【例題 1-7】 rei1-7

```
let c = 0
basic.forever(function () {
  c = Math.randomRange(0, 1)
  basic.showNumber(c)
  if (c == 0) {
    basic.showIcon(IconNames.
    SmallDiamond)
  } else {
    basic.showIcon(IconNames.Square)
  }
})
```

【例題 1-8】 rei1-8

```
let c = 0
basic.forever(function () {
  c = Math.randomRange(0, 2)
  basic.showNumber(c)
  if (c == 0) {
```

```
    basic.showIcon(IconNames.
    SmallSquare)
  } else if (c == 1) {
    basic.showIcon(IconNames.Scissors)
  } else {
    basic.showIcon(IconNames.Square)
  }
})
```

【練習 1-4】 プログラムなし

【演習問題 1-1】 ens1-1
割愛（本文中にあり）

【演習問題 1-2(a)】 ens1-2-1

```
for (let x = 0; x <= 4; x++) {
  for (let y = 0; y <= 4; y++) {
    if (4 - x <= y) {
      led.plot(x, y)
      basic.pause(500)
    }
  }
}
```

【演習問題 1-2(b)】 ens1-2-2

```
for (let x = 0; x <= 4; x++) {
  for (let y = 0; y <= 4; y++) {
    if (x == y || 4 - x == y) {
      led.plot(x, y)
      basic.pause(500)
    }
  }
}
```

【演習問題 1-2 (c)】 ens1-2-3

```
for (let x = 0; x <= 4; x++) {
  for (let y = 0; y <= 4; y++) {
    if (x == 2 || y == 2) {
      led.plot(x, y)
      basic.pause(500)
    }
  }
}
```

【演習問題 1-3】 ens1-3

```
let c = 0
input.onGesture(Gesture.Shake,
function () {
  c = Math.randomRange(0, 2)
  basic.showNumber(c)
  if (c == 0) {
    basic.showIcon(IconNames.
    SmallSquare)
  } else if (c == 1) {
    basic.showIcon(IconNames.Scissors)
  } else {
    basic.showIcon(IconNames.Square)
  }
})
```

★2章

【例題 2-1】 rei2-1
割愛（本文中にあり）

【例題 2-2】 rei2-2

```
let a = 0
let b = 0
let c = 0
let d = 0

input.onButtonPressed(Button.A,
function () {
  a = Math.randomRange(0, 2)
  c = a
  hyouji()
})

input.onButtonPressed(Button.B,
function () {
  b = Math.randomRange(0, 2)
  c = b
  hyouji()
})

input.onButtonPressed(Button.AB,
function () {
  d = (a - b + 3) % 3
  if (d == 2) {
    basic.showString("A")
  } else if (d == 1) {
    basic.showString("B")
  } else {
    basic.showString("AB")
  }
})

function hyouji() {
  if (c == 0) {
    basic.showIcon(IconNames.
    SmallDiamond)
  } else if (c == 1) {
    basic.showIcon(IconNames.Scissors)
  } else {
    basic.showIcon(IconNames.Square)
  }
  basic.clearScreen()
}
```

【練習 2-1】 ren2-1

```
let a = 0
let b = 0
let c = 0
let d = 0

input.onButtonPressed(Button.A,
function () {
  a = Math.randomRange(0, 2)
  c = a
```

```
  hyouji()
})

input.onButtonPressed(Button.B,
function () {
  b = Math.randomRange(0, 2)
  c = b
  hyouji()
})

input.onButtonPressed(Button.AB,
function () {
  d = (a - b + 3) % 3
  if (d == 2) {
    basic.showString("A" + "Kati")
  } else if (d == 1) {
    basic.showString("B" + "Kati")
  } else {
    basic.showString("Hikiwake")
  }
})

function hyouji() {
  if (c == 0) {
    basic.showIcon(IconNames.
    SmallDiamond)
  } else if (c == 1) {
    basic.showIcon(IconNames.Scissors)
  } else {
    basic.showIcon(IconNames.Square)
  }
  basic.clearScreen()
}
```

【例題 2-3】 rei2-3

```
let kotae = 0
let kouho = 0
kotae = Math.randomRange(0, 2)
basic.showNumber(kotae)

input.onButtonPressed(Button.A,
function () {
  kouho = Math.randomRange(0, 2)
  basic.showNumber(kouho)
})

input.onButtonPressed(Button.B,
function () {
  if (kouho == kotae) {
    basic.showIcon(IconNames.Heart)
  } else {
    basic.showIcon(IconNames.No)
  }
})
```

【例題 2-4】 rei2-4

```
let kotae = 0
let kouho = 0
kotae = Math.randomRange(0, 4)
basic.showNumber(kotae)
kouho = Math.randomRange(0, 4)
basic.showNumber(kouho)
hantei()

function hantei() {
  if (kouho > kotae) {
    basic.showArrow(ArrowNames.South)
    basic.clearScreen()
  } else if (kouho < kotae) {
    basic.showArrow(ArrowNames.North)
    basic.clearScreen()
  } else {
    basic.showNumber(kouho)
    basic.clearScreen()
    basic.showString("Hit")
  }
}

input.onButtonPressed(Button.A,
function () {
  kouho += 1
  hantei()
})

input.onButtonPressed(Button.B,
function () {
  kouho += -1
  hantei()
})
```

【練習 2-2】 ren2-2

```
let kotae = 0
let kouho = 0
kotae = Math.randomRange(0, 4)
if (kouho == kotae) {
  kouho = Math.randomRange(0, 4)
}
basic.showNumber(kouho)
hantei()

function hantei() {
  if (kouho > kotae) {
    basic.showArrow(ArrowNames.South)
    basic.clearScreen()
  } else if (kouho < kotae) {
    basic.showArrow(ArrowNames.North)
    basic.clearScreen()
  } else {
    basic.showNumber(kouho)
    basic.clearScreen()
    basic.showString("Hit")
  }
}

input.onButtonPressed(Button.A,
function () {
```

```
  kouho += 1
  hantei()
})

input.onButtonPressed(Button.B,
function () {
  kouho += -1
  hantei()
})
```

【例題 2-5】 rei2-5
割愛（本文中にあり）

【関数の引数と戻り値（コラム）】 c23-kansu
割愛（本文中にあり）

【練習 2-3】 ren2-3-1 ren2-3-2
割愛（本文中にあり）

【練習 2-4】 ren2-4

```
let a: number[] = []
a = [1, 2]
let b: string[] = []
b = ["AB", "cd"]

for (let i = 0; i <= 1; i++) {
  basic.showNumber(a[i])
}
basic.clearScreen()
for (let j = 0; j <= 1; j++) {
  basic.showString(b[j])
}
```

【例題 2-6】 rei2-6

```
let x = 0
let y = 0
let a: number[] = []
a = [3, 2, 1, 5, 4]
for (let x = 0; x <= 4; x++) {
  for (let z = 0; z <= a[x] - 1; z++) {
    y = 4 - z
    led.plot(x, y)
    basic.pause(500)
  }
}
```

【例題 2-7】 rei2-7
割愛（本文中にあり）

【演習問題 2-1】 ens2-1

```
let x = 0
let y = 0
let a: number[] = []
a = [3, 2, 1, 5, 4]
plot()

function plot() {
  Graph_H()
  basic.clearScreen()
  Graph_V()
}

function Graph_H() {
  for (let y = 0; y <= 4; y++) {
    for (let x = 0; x <= a[y] - 1; x++)
    {
      led.plot(x, y)
      basic.pause(500)
    }
  }
}

function Graph_V() {
  for (let x = 0; x <= 4; x++) {
    for (let z = 0; z <= a[x] - 1; z++)
    {
      y = 4 - z
      led.plot(x, y)
      basic.pause(500)
    }
  }
}
```

【演習問題 2-2】 ens2-2

```
let x = 0
let y = 0
let a: number[] = []
a = [3, 2, 1, 5, 4]

plot(0)
basic.clearScreen()
plot(1)

function plot(g: number) {
  if (g == 0) {
    for (let y = 0; y <= 4; y++) {
      for (let x = 0; x <= a[y] - 1;
      x++)
        led.plot(x, y)
        basic.pause(500)
      }
    }
  } else {
    for (let x = 0; x <= 4; x++) {
      for (let z = 0; z <= a[x] - 1;
      z++)
        y = 4 - z
        led.plot(x, y)
        basic.pause(500)
      }
    }
  }
}
```

★3章

【例題 3-1】 rei3-1

```
basic.forever(function () {
  basic.showNumber(input.lightLevel())
```

```
  basic.clearScreen()
  basic.pause(1000)
})
```

【練習 3-1】 ren3-1

```
basic.forever(function () {
  basic.showNumber(input.acceleration
  (Dimension.X))
  basic.clearScreen()
  basic.pause(1000)
})
```

【例題 3-2】 rei3-2

```
basic.forever(function () {
  music.playTone(262,
  music.beat(BeatFraction.Whole))
  music.playTone(294,
  music.beat(BeatFraction.Whole))
  music.playTone(330,
  music.beat(BeatFraction.Whole))
  music.rest(music.beat(BeatFraction.
  Whole))
})
```

【練習 3-2】 ren3-2

```
basic.forever(function () {
  music.playTone(262,
  music.beat(BeatFraction.Whole))
  music.playTone(262 * 2,
  music.beat(BeatFraction.Whole))
  music.playTone(262 * 4,
  music.beat(BeatFraction.Whole))
})
```

【練習 3-3】 ren3-3

```
basic.forever(function () {
  music.playTone(262,
  music.beat(BeatFraction.Whole))
  music.playTone(262 * 2,
  music.beat(BeatFraction.Whole))
  music.playTone(262 * 3,
  music.beat(BeatFraction.Whole))
  music.playTone(262 * 4,
  music.beat(BeatFraction.Whole))
  music.playTone(262 * 5,
  music.beat(BeatFraction.Whole))
  music.playTone(523,
  music.beat(BeatFraction.Whole))
  music.playTone(523 * 2,
  music.beat(BeatFraction.Whole))
  music.playTone(523 * 3,
  music.beat(BeatFraction.Whole))
})
```

【例題 3-3】 rei3-3

```
input.onButtonPressed(Button.A,
function () {
  music.beginMelody(music.builtInMelody
  (Melodies.PowerUp), MelodyOptions.
  Once)
})
```

【練習 3-4】 ren3-4

```
input.onButtonPressed(Button.A,
function () {
  music.beginMelody(music.builtInMelody
  (Melodies.Dadadadum), MelodyOptions.
  Once)
})

input.onButtonPressed(Button.B,
function () {
  music.beginMelody(music.builtInMelody
  (Melodies.PowerUp), MelodyOptions.
  Once)
})
```

【例題 3-4】 rei3-4

```
basic.forever(function () {
  if (input.rotation(Rotation.Roll) <
  -10) {
    music.ringTone(262)
  }
  else if (input.rotation(Rotation.
  Roll) > 10) {
    music.ringTone(294)
  }
  else {
    music.rest(music.beat(BeatFraction.
    Sixteenth))
  }
})
```

【練習 3-5】 ren3-5

```
basic.forever(function () {
  music.ringTone(2 * input.
  rotation(Rotation.Roll) + 262)
})
```

【例題 3-5】 rei3-5

```
let 角度 = 0
basic.forever(function () {
  角度 = input.compassHeading()
  if (角度 < 45) {
    basic.showString("N")
  } else if (角度 > 315) {
    basic.showString("N")
  } else {
    basic.clearScreen()
  }
})
```

【例題 3-6】 rei3-6

```
let 角度 = 0
basic.forever(function () {
  角度 = input.compassHeading()
  if (角度 < 45) {
    basic.showArrow(ArrowNames.North)
```

```
  } else if ( 角度 < 135) {
    basic.showArrow(ArrowNames.West)
  } else if ( 角度 < 225) {
    basic.showArrow(ArrowNames.South)
  } else if ( 角度 < 315) {
    basic.showArrow(ArrowNames.East)
  } else {
    basic.showArrow(ArrowNames.North)
  }
})
```

【練習 3-6】 ren3-6

```
let 角度 = 0
basic.forever(function () {
  角度 = input.compassHeading()
  if ( 角度 < 23) {
    basic.showArrow(ArrowNames.North)
  } else if ( 角度 < 68) {
    basic.showArrow(ArrowNames.
    NorthWest)
  } else if ( 角度 < 113) {
    basic.showArrow(ArrowNames.West)
  } else if ( 角度 < 158) {
    basic.showArrow(ArrowNames.
    SouthWest)
  } else if ( 角度 < 203) {
    basic.showArrow(ArrowNames.South)
  } else if ( 角度 < 248) {
    basic.showArrow(ArrowNames.
    SouthEast)
  } else if ( 角度 < 293) {
    basic.showArrow(ArrowNames.East)
  } else if ( 角度 < 338) {
    basic.showArrow(ArrowNames.
    NorthEast)
  } else {
    basic.showArrow(ArrowNames.North)
  }
})
```

【例題 3-7】 rei3-7

```
basic.forever(function () {
  if (input.lightLevel() < 1) {
    pins.digitalWritePin(DigitalPin.P0,
    1)
  } else {
    pins.digitalWritePin(DigitalPin.P0,
    0)
  }
})
```

【演習問題 3-1】 ens3-1

```
let x = 0
let y = 0
let value = 0
let ans = 0

basic.forever(function () {
  basic.clearScreen()
  value = input.rotation(Rotation.Roll)
  calc()
  x = ans
  value = input.rotation(Rotation.Pitch)
  calc()
  y = ans
  led.plot( x , y )
})

function calc() {
  ans = value / 10
  ans = Math.round(ans)
  ans = ans + 2
  if (ans > 4) {
    ans = 4
  } else if (ans < 0) {
    ans = 0
  }
}
```

【演習問題 3-2】 ens3-2

```
let s = 0
basic.forever(function () {
  if (s == 0) {
    basic.clearScreen()
  } else {
    basic.showLeds(`
        # # # # #
        # # # # #
        # # # # #
        # # # # #
        # # # # #
        `)
  }
})

input.onButtonPressed(Button.A,
function () {
  if (s == 0) {
    s = 1
  } else {
    s = 0
  }
})
```

★4章

【例題 4-1】 rei4-1

```
radio.setGroup(1)
input.onButtonPressed(Button.A,
function () {radio.sendString("hello")
})
radio.onReceivedString(function (a)
{basic.showString(a)
})
```

【例題 4-2】 rei4-2

```
radio.setGroup(1)
let a = 0
```

```
radio.onReceivedNumber(function (b) {
  if (a == b) {
    basic.showIcon(IconNames.Heart)
  } else {
    basic.showIcon(IconNames.No)
  }
})

input.onButtonPressed(Button.A,
function () {
  a = Math.randomRange(0, 2)
  basic.showNumber(a)
})

input.onButtonPressed(Button.B,
function () {
    radio.sendNumber(a)
})
```

【例題 4-3】 rei4-3

```
radio.setGroup(1)
let a = 0
let c = 0
let d = 0
c = a
hyouji()

input.onButtonPressed(Button.A,
function () {
  a = Math.randomRange(0, 2)
  c = a
  hyouji()
})

input.onButtonPressed(Button.B,
function () {
  radio.sendNumber(a)
})
radio.onReceivedNumber(function (b) {
  d = (a - b + 3) % 3
  if (d == 2) {
    basic.showIcon(IconNames.Happy)
  } else if (d == 1) {
    basic.showIcon(IconNames.Sad)
  } else {
    basic.showIcon(IconNames.Confused)
  }
})

function hyouji() {
  if (c == 0) {
    basic.showIcon(IconNames.
    SmallDiamond)
  } else if (c == 1) {
    basic.showIcon(IconNames.Scissors)
  } else {
    basic.showIcon(IconNames.Square)
  }
}
```

【練習 4-1】

プログラムなし

radio.setGroup(1) を変更して実施する。

【例題 4-4】 rei4-4

```
basic.forever(function () {
  pins.digitalWritePin(DigitalPin.P2, 1)
  basic.pause(5000)
  pins.digitalWritePin(DigitalPin.P2, 0)
  pins.digitalWritePin(DigitalPin.P1, 1)
  basic.pause(1000)
  pins.digitalWritePin(DigitalPin.P1, 0)
  pins.digitalWritePin(DigitalPin.P0, 1)
  basic.pause(4000)
  pins.digitalWritePin(DigitalPin.P0, 0)
})
```

【練習 4-2】 ren4-2-1

```
basic.forever(function () {
  pins.digitalWritePin(DigitalPin.P2, 1)
  basic.pause(4000)
  pins.digitalWritePin(DigitalPin.P2, 0)
  pins.digitalWritePin(DigitalPin.P1, 1)
  basic.pause(1000)
  pins.digitalWritePin(DigitalPin.P1, 0)
  pins.digitalWritePin(DigitalPin.P0, 1)
  basic.pause(5000)
  pins.digitalWritePin(DigitalPin.P0, 0)
})
```

ren4-2-2

```
basic.forever(function () {
  pins.digitalWritePin(DigitalPin.P0, 1)
  basic.pause(5000)
  pins.digitalWritePin(DigitalPin.P0, 0)
  pins.digitalWritePin(DigitalPin.P2, 1)
  basic.pause(4000)
  pins.digitalWritePin(DigitalPin.P2, 0)
  pins.digitalWritePin(DigitalPin.P1, 1)
  basic.pause(1000)
  pins.digitalWritePin(DigitalPin.P1, 0)
})
```

【例題 4-5】 rei4-5

```
radio.setGroup(1)
basic.forever(function () {
  pins.digitalWritePin(DigitalPin.P2, 1)
  radio.sendNumber(2)
  basic.pause(4000)
  pins.digitalWritePin(DigitalPin.P2, 0)
  pins.digitalWritePin(DigitalPin.P1, 1)
  radio.sendNumber(1)
  basic.pause(1000)
  pins.digitalWritePin(DigitalPin.P1, 0)
  pins.digitalWritePin(DigitalPin.P0, 1)
  radio.sendNumber(0)
```

```
  basic.pause(5000)
  pins.digitalWritePin(DigitalPin.P0, 0)
})
```

【例題 4-6】 rei4-6

```
radio.setGroup(1)
radio.onReceivedNumber(function
(receivedNumber) {
  pins.digitalWritePin(DigitalPin.P2, 0)
  pins.digitalWritePin(DigitalPin.P1, 0)
  pins.digitalWritePin(DigitalPin.P0, 0)
  if (receivedNumber == 2) {
    pins.digitalWritePin(DigitalPin.P2,
    1)
  } else if (receivedNumber == 1) {
    pins.digitalWritePin(DigitalPin.P1,
    1)
  } else if (receivedNumber == 0) {
    pins.digitalWritePin(DigitalPin.P0,
    1)
  }
})
```

【練習 4-3】

プログラムなし

【練習 4-4】 ren4-4-1

```
radio.setGroup(1)
pins.digitalWritePin(DigitalPin.P2, 0)
pins.digitalWritePin(DigitalPin.P1, 0)
pins.digitalWritePin(DigitalPin.P0, 0)
basic.forever(function () {
  pins.digitalWritePin(DigitalPin.P2, 1)
  radio.sendNumber(1)
  basic.pause(4000)
  pins.digitalWritePin(DigitalPin.P2, 0)
  pins.digitalWritePin(DigitalPin.P1, 1)
  radio.sendNumber(2)
  basic.pause(1000)
  pins.digitalWritePin(DigitalPin.P1, 0)
  pins.digitalWritePin(DigitalPin.P0, 1)
  radio.sendNumber(3)
  basic.pause(4000)
  radio.sendNumber(4)
  basic.pause(1000)
  pins.digitalWritePin(DigitalPin.P0, 0)
})
```

ren4-4-2

```
radio.setGroup(1)
radio.onReceivedNumber(function
(receivedNumber) {
  pins.digitalWritePin(DigitalPin.P2, 0)
  pins.digitalWritePin(DigitalPin.P1, 0)
  pins.digitalWritePin(DigitalPin.P0, 0)
  if (receivedNumber == 1) {
    pins.digitalWritePin(DigitalPin.P0,
    1)
  } else if (receivedNumber == 2) {
    pins.digitalWritePin(DigitalPin.P0,
    1)
  } else if (receivedNumber == 3) {
    pins.digitalWritePin(DigitalPin.P2,
    1)
  } else if (receivedNumber == 4) {
    pins.digitalWritePin(DigitalPin.P1,
    1)
  }
})
```

【例題 4-7】 rei4-7-1

```
radio.setGroup(1)
pins.digitalWritePin(DigitalPin.P2, 1)
pins.digitalWritePin(DigitalPin.P1, 0)
pins.digitalWritePin(DigitalPin.P0, 0)

radio.onReceivedNumber(function
        (receivedNumber) {
  if (receivedNumber == 1) {
    basic.pause(2000)
    pins.digitalWritePin(DigitalPin.P2,
    0)
    pins.digitalWritePin(DigitalPin.P1,
    1)
    pins.digitalWritePin(DigitalPin.P0,
    0)
    basic.pause(2000)
    pins.digitalWritePin(DigitalPin.P2,
    0)
    pins.digitalWritePin(DigitalPin.P1,
    0)
    pins.digitalWritePin(DigitalPin.P0,
    1)
    radio.sendNumber(1)
    basic.pause(4000)
    radio.sendNumber(0)
    pins.digitalWritePin(DigitalPin.P2,
    1)
    pins.digitalWritePin(DigitalPin.P1,
    0)
    pins.digitalWritePin(DigitalPin.P0,
    0)
  }
})
```

rei4-7-2

```
radio.setGroup(1)
pins.digitalWritePin(DigitalPin.P2, 0)
pins.digitalWritePin(DigitalPin.P1, 0)
pins.digitalWritePin(DigitalPin.P0, 1)

radio.onReceivedNumber(function
(receivedNumber) {
  if (receivedNumber == 1) {
    pins.digitalWritePin(DigitalPin.P2,
    1)
    pins.digitalWritePin(DigitalPin.P1,
```

```
    0)
    pins.digitalWritePin(DigitalPin.P0,
    0)
  } else {
    pins.digitalWritePin(DigitalPin.P2,
    0)
    pins.digitalWritePin(DigitalPin.P1,
    0)
    pins.digitalWritePin(DigitalPin.P0,
    1)
  }
})

input.onButtonPressed(Button.A,
function () {
  radio.sendNumber(1)
})
```

【演習問題 4-1】 ens4-1

```
radio.setGroup(1)
pins.digitalWritePin(DigitalPin.P2, 0)
pins.digitalWritePin(DigitalPin.P1, 0)
pins.digitalWritePin(DigitalPin.P0, 1)
basic.showIcon(IconNames.No)

input.onButtonPressed(Button.A,
function () {
  radio.sendNumber(1)
})

radio.onReceivedNumber(function
(receivedNumber) {
  if (receivedNumber == 1) {
    pins.digitalWritePin(DigitalPin.P2,
    1)
    pins.digitalWritePin(DigitalPin.P1,
    0)
    pins.digitalWritePin(DigitalPin.P0,
    0)
    basic.showIcon(IconNames.Square)
  } else {
    pins.digitalWritePin(DigitalPin.P2,
    0)
    pins.digitalWritePin(DigitalPin.P1,
    0)
    pins.digitalWritePin(DigitalPin.P0,
    1)
    basic.showIcon(IconNames.No)
  }
})
```

【演習問題 4-2】
プログラムなし

★5章

【例題 5-1】 rei5-1
割愛（本文中にあり）

【練習 5-1】 ren5-1
割愛（本文中にあり）

【例題 5-2】 rei5-2
割愛（本文中にあり）

【例題 5-3】 rei5-3
割愛（本文中にあり）

【練習 5-2】
プログラムなし

【例題 5-4】 rei5-4
割愛（本文中にあり）

【例題 5-5】 rei5-5
割愛（本文中にあり）

【練習 5-3】 ren5-3

```
let a: number[] = []
a = [3, 2, 1, 5, 4]
plot2()
for (let i = 4; i > 0; i--) {
  for (let j = 0; j < i; j++) {
    if (a[j] > a[j + 1]) {
      let tmp = a[j]
      a[j] = a[j + 1]
      a[j + 1] = tmp
    }
  }
}
basic.clearScreen()
plot2()

function plot2() {
  for (let x = 0; x <= 4; x++) {
    for (let y = 4; y >= 5 - a[x]; y--)
    {
      led.plot(x, y)
      basic.pause(100)
    }
    basic.pause(500)
  }
}
```

【練習 5-4】 ren5-4

```
let a: string[] = []
a = ["gr", "ye", "bl", "re"]
for (let i = 3; i > 0; i--) {
  for (let j = 0; j < i; j++) {
    let cmp = a[j].compare(a[j + 1])
    if (cmp > 0) {
      let tmp = a[j]
      a[j] = a[j + 1]
      a[j + 1] = tmp
    }
  }
}
for (let k = 0; k <= 3; k++) {
```

```
  basic.showString(a[k])
}
```

【例題 5-6】 rei5-6

割愛（本文中にあり）

【練習 5-5】

割愛（本文中にあり）

【再帰呼び出し（コラム）】 c53-fact

割愛（本文中にあり）

【練習 5-6】

プログラムなし

【例題 5-7】 rei5-7

割愛（本文中にあり）

【例題 5-8】 rei5-8

前半は割愛（本文中にあり）

```
function syohin() {
  basic.showIcon(IconNames.Target)
  basic.pause(1000)
}

function otsuri() {
  basic.showIcon(IconNames.SmallDiamond)
  basic.pause(1000)
}

input.onButtonPressed(Button.AB,
function () {
  basic.showIcon(IconNames.No)
})
```

【演習問題 5-1（a）】 ens5-1

```
let a: number[] = []
a = [3, 2, 1, 5, 4]
for (let i = 4; i > 0; i--) {
  let k = 0
  for (let j = 1; j <= i; j++) {
    if (a[j] > a[k]) {
      k = j
    }
  }
  let tmp = 0
  tmp = a[k]
  a[k] = a[i]
  a[i] = tmp
}
for (let l = 0; l <= 4; l++) {
  basic.showNumber(a[l])
}
```

【演習問題 5-1（b）】

プログラムなし

【演習問題 5-2（a）】 ens5-2-1

```
let s0 = 0
let s1 = 0
let s2 = 0
let s = 0
s1 = 1
s2 = 2

input.onButtonPressed(Button.A,
function () {
  if (s == s0) {
    s = s1
  } else if (s == s1) {
    s = s2
  } else if (s == s2) {
    syohin()
    s = s0
    basic.clearScreen()
  } else {
    basic.showIcon(IconNames.No)
  }
  basic.showNumber(s)
})

function syohin() {
  basic.showIcon(IconNames.Target)
  basic.pause(1000)
}
```

【演習問題 5-2（b）】 ens5-2-2

```
let s0 = 0
let s1 = 0
let s2 = 0
let s3 = 0
let s4 = 0
let s = 0
s1 = 1
s2 = 2
s3 = 3
s4 = 4

input.onButtonPressed(Button.A,
function () {
  if (s >= s0 && s <= s2) {
    s += 2
  } else if (s == s3) {
    s = s0
    syohin()
  } else if (s == s4) {
    s = s0
    syohin()
    otsuri()
  } else {
    basic.showIcon(IconNames.No)
  }
  basic.showNumber(s)
})

input.onButtonPressed(Button.B,
function () {
  if (s >= s0 && s <= s3) {
```

```
    s += 1
  } else if (s == s4) {
    s = s0
    syohin()
  } else {
    basic.showIcon(IconNames.No)
  }
  basic.showNumber(s)
})

function otsuri() {
  basic.showIcon(IconNames.SmallDiamond)
  basic.pause(1000)
  basic.clearScreen()
}

function syohin() {
  basic.showIcon(IconNames.Target)
  basic.pause(1000)
  basic.clearScreen()
}

input.onButtonPressed(Button.AB,
function () {
  basic.showIcon(IconNames.No)
})
```

★6章

【例題 6-1】 rei6-1

```
radio.setGroup(1)
input.onButtonPressed(Button.B,
function () {
  radio.sendString("hello")
})
radio.onReceivedString(function
          (receivedString) {
  basic.showString(receivedString)
})
```

【練習 6-1】 ren6-1

```
let a = 0
a = 0
radio.setGroup(1)
input.onButtonPressed(Button.B,
function () {
  if (a == 0) {
    radio.sendString("hello")
  } else {
    radio.sendString("world")
  }
  a += 1
})
radio.onReceivedString(function
(receivedString) {
  basic.showString(receivedString)
})
```

【例題 6-2】 rei6-2

割愛（本文中にあり）

【練習 6-2】 ren6-2

割愛（本文中にあり）

【例題 6-3】 rei6-3

割愛（本文中にあり）

【練習 6-3】

プログラムなし

【例題 6-4】 rei6-4

割愛（本文中にあり）

【例題 6-5】 rei6-5

割愛（本文中にあり）

【演習問題 6-1】 ens6-1

```
let wait_for_ack = 0
radio.setGroup(1)

input.onButtonPressed(Button.B,
function () {
  wait_for_ack = 1
  radio.sendString("hello")
})

radio.onReceivedString(function
(receivedString) {
  if (wait_for_ack == 0) {
    basic.showString(receivedString)
    radio.sendString("world")
  } else {
    wait_for_ack = 0
    basic.showString(receivedString)
  }
})
```

【演習問題 6-2】

プログラムなし

【演習問題 6-3】 ens6-3

```
let data3 = 0
radio.setGroup(1)
radio.onReceivedNumber(function
(receivedNumber) {
  if (receivedNumber >= 0) {
    if (check_parity(receivedNumber)) {
    basic.showIcon(IconNames.
    SmallDiamond)
      Plotx(4, receivedNumber)
      radio.sendNumber(-1)
    } else {
      basic.showLeds(`
        . . . . .
        . # . # .
        . . # . .
        . # . # .
```

```
      . . . . .
      `)
    Plotx(4, receivedNumber)
    basic.pause(2000)
    radio.sendNumber(-100)
    }
  } else if (receivedNumber < -1) {
    basic.clearScreen()
    let z = set_parity(data3)
    Plotx(0, z)
    radio.sendNumber(z)
  }
})

input.onButtonPressed(Button.A,
function () {
  basic.clearScreen()
  let data2 = set_data()
  let x = set_parity(data2)
  Plotx(0, x)
  radio.sendNumber(x)
})

input.onButtonPressed(Button.B,
function () {
  basic.clearScreen()
  data3 = set_data()
  let y = set_parity(data3)
  y = Rev(y, Math.randomRange(0, 5))
  Plotx(0, y)
  radio.sendNumber(y)
})

function set_parity(n: number): number
{
  let c = 0
  let m = n
  for (let i = 0; i < 5; i++) {
    if (m % 2 == 1) c++
    m = m >> 1
  }
  if (c % 2 == 0) {
    n = n + 1
  }
  return n
}

function check_parity(n: number):
boolean {
  let d = 0
  for (let j = 0; j < 5; j++) {
    if (n % 2 == 1) d++
    n = n >> 1
  }
  if (d % 2 != 0){
    return true
  } else {
    return false
  }
}

function Rev(x: number, c: number) {
  let a = 1
  a = a << (c - 1)
  if ((a & x) == 0) {
    return a | x
  } else {
    return (a ^ 31) & x
  }
}

function Plotx(k: number, n: number) {
  for (let l = 4; l >= 0; l--) {
    if (n % 2 == 1) {
      led.plot(l, k)
    }
    n = n >> 1
  }
}

function set_data(): number {
  let data = 0
  for (let n = 0; n < 4; n++) {
    data = data + Math.randomRange(0,
1)
    data = data << 1
  }
  return data
}
```

★7章

【7.1 節】

送信用車用信号機 A hat7-1-1

```
radio.setGroup(1)
basic.forever(function () {
  pins.digitalWritePin(DigitalPin.P2, 1)
  pins.digitalWritePin(DigitalPin.P1, 0)
  pins.digitalWritePin(DigitalPin.P0, 0)
  radio.sendNumber(1)
  basic.pause(4000)
  pins.digitalWritePin(DigitalPin.P2, 0)
  pins.digitalWritePin(DigitalPin.P1, 1)
  radio.sendNumber(2)
  basic.pause(1000)
  pins.digitalWritePin(DigitalPin.P1, 0)
  pins.digitalWritePin(DigitalPin.P0, 1)
  radio.sendNumber(3)
  basic.pause(4000)
  radio.sendNumber(4)
  basic.pause(1000)
  radio.sendNumber(5)
  basic.pause(3000)
  radio.sendNumber(6)
  basic.pause(1000)
  radio.sendNumber(7)
```

```
  basic.pause(1000)
})
```

【7.1節】
受信用車用信号機B hat7-1-2

```
radio.setGroup(1)
radio.onReceivedNumber(function
(receivedNumber) {
  pins.digitalWritePin(DigitalPin.P2, 0)
  pins.digitalWritePin(DigitalPin.P1, 0)
  pins.digitalWritePin(DigitalPin.P0, 0)
  if (receivedNumber == 1) {
    pins.digitalWritePin(DigitalPin.P0,
    1)
  } else if (receivedNumber == 3) {
    pins.digitalWritePin(DigitalPin.P2,
    1)
  } else if (receivedNumber == 4) {
    pins.digitalWritePin(DigitalPin.P1,
    1)
  } else if (receivedNumber == 5) {
    pins.digitalWritePin(DigitalPin.P0,
    1)
  } else {
    pins.digitalWritePin(DigitalPin.P0,
    1)
  }
})
```

【7.1節】
歩行者用信号機C hat7-1-3

```
radio.setGroup(1)
radio.onReceivedNumber(function
(receivedNumber) {
  pins.digitalWritePin(DigitalPin.P2, 0)
  pins.digitalWritePin(DigitalPin.P1, 0)
  pins.digitalWritePin(DigitalPin.P0, 0)
  if (receivedNumber == 1) {
    pins.digitalWritePin(DigitalPin.P0,
    1)
  } else if (receivedNumber == 5) {
    pins.digitalWritePin(DigitalPin.P2,
    1)
  } else if (receivedNumber == 6) {
    for (let i = 0; i < 5; i++) {
      pins.digitalWritePin(DigitalPin.
      P2, 1)
      basic.pause(100)
      pins.digitalWritePin(DigitalPin.
      P2, 0)
      basic.pause(100)
  }
  } else if (receivedNumber == 7) {
    pins.digitalWritePin(DigitalPin.P0,
    1)
  } else {
    pins.digitalWritePin(DigitalPin.P0,
    1)
  }
})
```

【7.2節】 hat7-2

割愛（本文中にあり）

【7.3節】
演算用micro:bitのプログラム hat7-3-1

```
radio.setGroup(1)
let n = 0
input.onButtonPressed(Button.A, () =>
{
  n = 3
  basic.showNumber(n)
  basic.showString(" Mai")
  hanoi(n, 1, 3)
  basic.showString(" End")
})

input.onButtonPressed(Button.B, () =>
{
  n = n + 1
  basic.showNumber(n)
  basic.showString(" Mai")
  hanoi(n, 1, 3)
  basic.showString(" End")
})

function send_pop(bar: number) {
割愛（本文中にあり）

function send_push(bar: number, n:
number) {
割愛（本文中にあり）

function hanoi(n: number, a: number,
b: number) {
割愛（本文中にあり）
```

【7.3節】
表示用micro:bitのプログラム hat7-3-2

```
radio.setGroup(1)
let cmd = 0
let o = 0
let data = 0
let bo2: game.LedSprite[] = []
let bar: number[] = []
bar = [0, 0, 0, 0, 0]
let board1: game.LedSprite[] = []
let board3: game.LedSprite[] = []
let board5: game.LedSprite[] = []
mynum = 4

input.onButtonPressed(Button.A,
function () {
  mynum = (mynum + 1) % 4
  basic.showNumber(mynum)
})
```

```
input.onButtonPressed(Button.B,
function () {
  radio.sendNumber(100 + 20)
})

input.onButtonPressed(Button.AB,
function () {
  basic.clearScreen()
  if (mynum == 1) {
    push(3)
    push(2)
    push(1)
  }
})

basic.forever(function () {
  led.plot(mynum - 1, 0)
})

radio.onReceivedNumber(function
(receivedNumber) {
```
割愛（本文中にあり）

```
function pop2() {
```
割愛（本文中にあり）

```
function push(n: number) {
```
割愛（本文中にあり）

```
function up(b: game.LedSprite[]) {
  for (let l = 0; l < b.length; l++) {
    b[l].change(LedSpriteProperty.Y, -1)
  }
}

function down(b: game.LedSprite[]) {
  basic.pause(500)
  for (let m = 0; m < b.length; m++) {
    b[m].change(LedSpriteProperty.Y, 1)
  }
}
```

【7.4 節】 hat7-4

割愛（本文中にあり）

> ⚠ **注意**：掲載している JavaScript のプログラムは，2019 年 3 月末段階で動作確認したプログラムであり，今後の仕様変更で関数名などが変わっている場合があるかもしれません。

引用・参考文献

1）micro:bit の公式 Web サイト（日本語）　https://microbit.org/ja/
micro:bit の冒険を始めよう　https://microbit.org/ja/guide/
2）ガレス・ハルファクリー（著），金井哲夫（訳）：BBC マイクロビット公式ガイドブック，日経 BP 社（2018.10）
3）スイッチエデュケーション：micro:bit で始めるプログラミング，オライリージャパン，オーム社（2017.11）
4）山極隆（監修），岡本敏雄ほか（編修・執筆）：（情科 307）最新情報の科学　新訂版，p.14，実教出版（2017.2）
5）山極隆（監修），岡本敏雄ほか（編修・執筆）：（情科 308）情報の科学　新訂版，ジャンプ編，p.122，実教出版（2017.2）
6）山極隆（監修），岡本敏雄ほか（編修・執筆）：（情科 307）最新情報の科学　新訂版，pp.84–85，pp.86–89，実教出版（2017.2）
7）山極隆（監修），岡本敏雄ほか（編修・執筆）：（情科 308）情報の科学　新訂版，p.79，実教出版（2017.2）
8）正司和彦，高橋参吉ほか：最新モデル化とシミュレーション（基礎シリーズ），pp.17–19，実教出版（2006.2）
9）高橋参吉ほか（編修・執筆）：（情報 305）アルゴリズムとプログラム，pp.164–165，実教出版（2014.1）
10）文部科学省：高等学校学習指導要領（平成 30 年告示）解説 情報編（平成 30 年 7 月（高等学校学習指導要領解説）），開隆堂（2019.2）
11）Society 5.0 に向けた人材育成―社会が変わる，学びが変わる―（概要），Society 5.0 に向けた人材育成に係る大臣懇談会（平成 30 年 6 月）　https://www.mext.go.jp/a_menu/society/index.htm
12）大学入試センター：教科「情報」における CBT を活用した試験の開発に向けた問題素案の募集について
13）高橋参吉，喜家村奨，西野和典：「情報の科学」での「micro:bit」によるプログラミング教育の可能性―小学校から高校までの一貫したプログラミング教育―，日本情報科教育学会第 10 回研究会報告書，pp.10–15（2018.3）
14）喜家村奨，高橋参吉：micro:bit とアーテックロボを使用した小・中・高等学校用プログラミング教材について，日本情報科教育学会第 10 回研究会報告書，pp.20–21（2018.3）
15）高橋参吉，喜家村奨，稲川孝司，西野和典：「micro:bit」プログラミングで学ぶ情報技術の教材開発，教育システム情報学会第 43 回全国大会講演論文集，pp.205–206（2018.9）
16）高橋参吉，喜家村奨，稲川孝司：micro:bit プログラミング（ワークショップ），第 14 回情報教育合同研究会，pp.8–9（2018.11）
17）高橋参吉，喜家村奨：「小学校から高校までの一貫したプログラミング教育」の提案，第 14 回情報教育合同研究会報告書，pp.36–41（2018.11）
18）喜家村奨，高橋参吉，稲川孝司，西野和典：情報の科学的理解を育成するプログラミング教材の開発，教育システム情報学会 2018 年度第 6 回研究会報告書，pp.31–36（2019.3）

練習問題・演習問題の解答

プログラムの解答は省略しているので，付録4のプログラムやダウンロードファイルで確認してください。

★1章

演習問題 1-2

				11
			7	12
		4	8	13
	2	5	9	14
1	3	6	10	15

（a）

1				8
	3		6	
		5		
	4		7	
2				9

（b）

		3		
		4		
1	2	5	8	9
		6		
		7		

（c）

★4章

練習 4-2（解答例）

A	緑	緑	緑	緑	黄	赤	赤	赤	赤	赤
B	赤	赤	赤	赤	赤	緑	緑	緑	緑	黄

A さんの信号機 ren4-2-1 ：上から，9 000，1 000，1 000
B さんの信号機 ren4-2-2 ：上から，1 000，9 000，1 000

練習 4-3

解表 4.1

状態	送信側色	受信側色	時間〔秒〕
①	緑	赤	4
②	黄	赤	1
③	赤	緑	1
④	赤	黄	4

演習問題 4-2

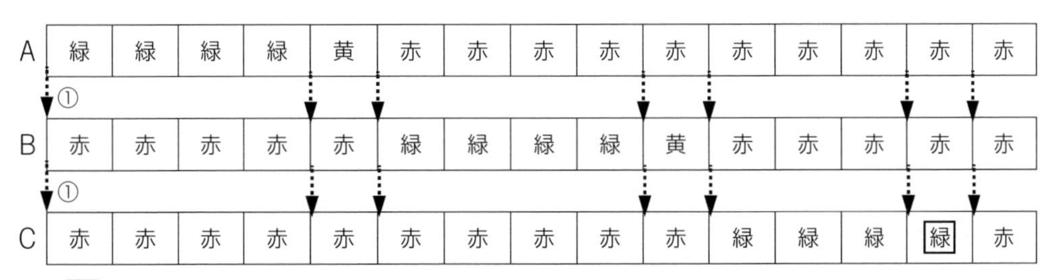

※ 緑 は点滅

★5章

練習 5-2

解表 5.1　変数 i，j，m および矢印の表示（数値 5 を探索する場合）

	i の値	j の値	m の値	矢印の向き
ループ 1	0	6	3	→
ループ 2	4	6	5	←
ループ 3	4	5	4	♥

練習 5-6

円盤 n 枚のとき：　$(2^{(n-1)}-1)\times 2+1=2^n-2+1 \quad = \quad 2^n-1$

すなわち，n 枚の円盤を移動させるのに必要な回数は，2^n-1 となる。

★6章

演習問題 6-1

もし，これに問題があれば，その解決策を以下のように考えてみよう。

このプログラムでは，返信メッセージ「world」を永遠に送り返され続けるという問題点がある。その解決策として，このプログラムでは，変数 wait_for_ack に用いて，通信の同期をとっている。

まず，ボタンが押されて，メッセージが送信された直後，変数 wait_for_ack に 1 をセットする。受信用イベントハンドラでは，wait_for_ack の値が 0 なら，返信待ち状態ではないので，受け取った文字を表示し，変数メッセージ（「world」）を返す。wait_for_ack が 0 でなければ，受け取ったメッセージは返信とみなし，その文字列を表示するが，メッセージの返信は行わない。このように実装することによって，無限に返信メッセージ送り続ける問題は回避できる。 ens6-1

※通信の同期の問題については，7.4 節で考察している。

演習問題 6-2（解答例）

N＝p×q＝7×19＝133

F＝LCM(p－1, q－1)＝LCM(6, 18)＝18

GCD(E, F)＝GCD(E, 18)＝1

（※最大公約数が 1 であるためには E と F がたがいに素でないといけない）

E＝5

D×E mod F＝D×5 mod 18＝1

D＝11

（※ E と F の最大公約数が 1 であれば D は存在する）

平文 A は A ＜ N となる整数であればよい。

演習問題 6-3

奇パリティとは，送信するデータの 1 であるビットの数が奇数になるようにパリティビットをセットする。このプログラムでは，関数 set_parity でパリティビットをセットしている。偶パリティから奇パリティに変更するには，数えたビット数が偶数なら，送信データに 1 を足せばよい。関数 check_parity については，奇偶判定を逆にすればよい。

索　　　引

―― 著者略歴 ――

高橋　参吉（たかはし　さんきち）

1973 年　大阪府立大学工学部電気工学科卒業
1975 年　大阪府立大学大学院工学研究科修士課程修了（電気工学専攻）
1975 年　大阪府立工業高等専門学校講師
1997 年　大阪府立工業高等専門学校教授
2004 年　大阪府立工業高等専門学校名誉教授
2004 年　千里金蘭大学教授
2012 年　千里金蘭大学名誉教授
2012 年　帝塚山学院大学教授
2018 年　特定非営利活動法人 学習開発研究所理事
2019 年　帝塚山学院大学退職
2019 年　特定非営利活動法人学習開発研究所理事（代表）
現在に至る

稲川　孝司（いながわ　たかし）

1974 年　大阪府立大学工学部電気工学部卒業
1976 年　大阪府立大学工学研究科修士課程修了（通信工学専攻）
1980 年　大阪府立泉北高等学校教諭
1991 年　大阪府立西成高等学校教諭
2003 年　大阪府立清水谷高等学校教諭
2008 年　大阪府立東百舌鳥高等学校教諭
2013 年　大阪府立大学非常勤講師
2014 年　畿央大学非常勤講師
2018 年　帝塚山学院大学非常勤講師
2019 年　大阪芸術大学非常勤講師
現在に至る

喜家村　奨（きやむら　すすむ）

1998 年　放送大学教養学部卒業
2003 年　奈良先端科学技術大学院大学情報科学研究科博士課程修了（情報処理学専攻）
博士（工学）
2014 年　帝塚山学院大学教授
現在に至る

micro:bit で学ぶプログラミング
―― ブロック型から JavaScript そして Python へ ――
Programming the BBC micro:bit with Blocks, JavaScript, and Python

© Takahashi, Kiyamura, Inagawa　2019

2019 年 9 月 27 日　初版第 1 刷発行　★
2023 年 4 月 10 日　初版第 2 刷発行

検印省略

著　者　高　橋　参　吉
　　　　喜家村　奨
　　　　稲　川　孝　司
発行者　株式会社　コロナ社
　　　　代表者　牛来真也
印刷所　萩原印刷株式会社
製本所　有限会社　愛千製本所

112-0011　東京都文京区千石 4-46-10
発行所　株式会社　**コロナ社**
CORONA PUBLISHING CO., LTD.
Tokyo Japan
振替 00140-8-14844・電話(03)3941-3131(代)
ホームページ https://www.coronasha.co.jp

ISBN 978-4-339-02898-0　C3055　Printed in Japan　（松岡）

JCOPY ＜出版者著作権管理機構 委託出版物＞
本書の無断複製は著作権法上での例外を除き禁じられています。複製される場合は，そのつど事前に，出版者著作権管理機構（電話 03-5244-5088，FAX 03-5244-5089，e-mail: info@jcopy.or.jp）の許諾を得てください。

本書のコピー，スキャン，デジタル化等の無断複製・転載は著作権法上での例外を除き禁じられています。購入者以外の第三者による本書の電子データ化及び電子書籍化は，いかなる場合も認めていません。
落丁・乱丁はお取替えいたします。